"十四五"高等职业教育计算机类规划教材

网络操作系统管理

张清涛◎主　编

周鸿飞◎副主编

郑阳平◎主　审

U0310052

中国铁道出版社有限公司

CHINA RAILWAY PUBLISHING HOUSE CO., LTD.

内 容 简 介

本书基于两种主流网络操作系统——Windows Server 2012 R2 和 CentOS 7 编写，全面深入地阐述了两种网络操作系统的管理和配置技术，内容涉及虚拟机管理、Windows Server 2012 R2 的安装和基本配置、磁盘和文件系统、活动目录服务、DHCP 服务、DNS 服务、IIS 服务，以及 CentOS 7 的安装方法、基本操作、账户和权限管理、Vi 编辑器用法、网络和防火墙配置、Samba 服务器配置、DHCP 服务器配置、DNS 服务器配置、Web 服务器配置等。

本书注重理论联系实际，突出网络操作系统管理技术的实用性，难度适中，概念简洁，知识点结构清晰，图文并茂，实用性强，是学习网络操作系统管理技术的理想教材。

本书可作为高职高专院校和职业本科院校计算机网络技术、云计算技术与应用、大数据应用技术等计算机相关专业的教材，也可作为网络管理员及网络爱好者的培训教材和技术参考书籍。

图书在版编目（CIP）数据

网络操作系统管理 / 张清涛主编 . —北京：中国
铁道出版社有限公司 , 2021.7（2024.12 重印）
"十四五"高等职业教育计算机类规划教材
ISBN 978-7-113-28015-4

Ⅰ. ①网⋯ Ⅱ. ①张⋯ Ⅲ. ①网络操作系统 - 高等职
业教育 - 教材 Ⅳ. ① TP316.8

中国版本图书馆 CIP 数据核字 (2021) 第 104701 号

书　　名：网络操作系统管理
　　　　　WANGLUO CAOZUO XITONG GUANLI

作　　者：张清涛

策　　划：祁　云　刘梦珂　　　　　　　编辑部电话：（010）63549458
责任编辑：祁　云　贾淑媛
封面设计：刘　颖
责任校对：孙　玫
责任印制：赵星辰

出版发行：中国铁道出版社有限公司（100054，北京市西城区右安门西街8号）
网　　址：https://www.tdpress.com/51eds
印　　刷：三河市国英印务有限公司
版　　次：2021年7月第1版　　2024年12月第2次印刷
开　　本：880 mm×1 230 mm　1/16　印张：16.5　字数：422千
书　　号：ISBN 978-7-113-28015-4
定　　价：49.80元

"网络操作系统管理"课程是计算机类相关专业的重要专业课程。随着计算机相关技术的飞速发展，"网络操作系统管理"的课程内容也需要进行教学改革，以《高等职业学校专业教学标准（计算机类）》为依据，及时更新教材内容，突出网络操作系统管理技术的实用性，充分体现职业教育的理念，强化学生实践动手能力。本书结合网络操作系统管理课程的教学改革、教学实战经验组织编写而成。

Windows Server 2012 R2 是微软成熟的网络操作系统，该系统继承了微软 Windows 系统的全部优点：通用网络操作系统、界面图形化、管理简便、多硬件支持、多用户、多任务、性能稳定等。基于 Windows Server 2012 R2 可以快速部署各种功能强大的网络服务器，包括域控制器、DHCP 服务器、DNS 服务器、Web 服务器、FTP 服务器等。Linux 作为一个强大的开源操作系统，具有安全、稳定、免费、开源、功能强大等特点。Linux 发行版众多，CentOS 是最流行的发行版之一，目前较成熟稳定的版本是 CentOS 7。利用 CentOS 7 可以轻松构建各种功能强大的网络服务器，包括 Samba 服务器、DHCP 服务器、DNS 服务器、Web 服务器等。通过安装各种独立的软件包，可以轻松扩展 Linux 的服务器功能。

本书的编写具有以下特点：

（1）充分考虑了高职高专和应用型本科教育的教育理念，淡化技术原理，强调实际操作，在简单介绍网络操作系统基本概念、各种网络服务基本原理的基础上，注重对学生实践动手能力的培养。避免空泛而谈，力求内容可以"落地"。

（2）编写突出实用技术，紧跟行业技术发展，创新教材内容。在编写过程中充分考虑行业需求和行业应用现状，教材内容紧跟行业技术发展动态。学生通过网络操作系统管理技术的学习，具备 Windows Server 和 Linux 两种网络操作系统的运维和管理的基本技能，可以运用这两种常用网络操作系统搭建多种应用服务器，并进行运维和管理。

（3）单元知识组织按照"导学→学习目标→知识介绍→本章小结→课后练习→实验指导"体系设计。以"导学"引入本章知识内容并预留悬念，以"学习目标"展现要掌握的内容，以"知识介绍"进行具体的内容介绍，以"本章小结"和"课后练习"进行内容回顾和总结，最后配合"实验指导"强化实践应用。

（4）本书采用模块化的形式编写，每一个章节都是一个相对独立的模块，章节之间既相

互呼应，章节内容又自成体系，合理地组织授课内容。

　　本书建议学时为 64~86 学时，其中，理论学时为 28~38 学时，实践学时为 36~48 学时。授课时注重"教学做"一体化教学。学生课堂上跟随教师边听边练，然后再独立利用每个章节后的"实验指导"进行强化练习。

　　本书由张清涛任主编，周鸿飞任副主编，郑阳平任主审，王晶、林益臣、于宏涛参与编写。其中，第 1、2、9 章由周鸿飞编写，第 5 章由王晶编写，第 6 章由林益臣编写，第 11 章由于宏涛编写，第 3、4、7、8、10、12 ～ 17 章由张清涛编写。参加本书编写的人员均具有多年网络操作系统管理的教学和工作经验。本书力求融合大量实操性内容、案例，内容详尽、结构清晰、通俗易懂、深入浅出。

　　本书在编写过程中，得到了领导和同事们的大力支持和帮助，并提出了许多宝贵的建议和意见，也借鉴了大批优秀教材、技术资料和微软官网及 CentOS 开源社区上的众多技术文献，同时也吸取了许多专家和同仁的宝贵经验，在此向他们深表谢意。

　　由于编者水平有限，书中难免有不足与疏漏之处，敬请同行专家和广大读者批评指正。

编　者

2021 年 2 月

目　录

第 1 篇　网络操作系统概念和虚拟机基础

第 2 篇　Windows Server 2012 R2系统运维与服务管理

第 3 篇　CentOS 7系统运维与服务管理

第1篇

网络操作系统概念
和虚拟机基础

　　广义上讲，网络操作系统是所有具有上网功能的操作系统的统称。本书介绍的网络操作系统（NOS）主要指应用范围广泛的服务器通用操作系统 Windows Server 2012 R2 和 CentOS 7。相对于单机操作系统，网络操作系统具有强大的网络功能，提供了类型丰富的各种网络服务组件。

　　本篇主要介绍了网络操作系统的概念、特征，两种主流网络操作系统的特点、发展情况和常见的网络服务，以及虚拟机的概念、特点、分类和操作方法。

第1章

网络操作系统概述

导学

互联网上存在数量庞大、功能众多的各式服务器。例如，在使用浏览器访问一个网站的时候，就离不开 DHCP 服务器、DNS 服务器、Web 服务器等多种服务器的支持。这些服务器的运行依赖于一种最基础的系统软件——网络操作系统。

学习本章前，请思考：什么是网络操作系统？常用的网络操作系统有哪些？

学习目标

1. 了解网络操作系统的概念和特点。
2. 了解常用的网络操作系统。
3. 掌握 Windows Server 2012 R2 网络操作系统的版本、特点和安装需求。
4. 掌握自由软件的概念及 Linux 网络操作系统的版本划分和特点。
5. 了解常用的网络服务。

1.1 网络操作系统简介

计算机的软件系统分为系统软件和应用软件。操作系统是最重要的计算机系统软件，负责管理计算机的所有硬件、软件资源，并提供人机交互。网络操作系统是通过网络向外提供各种网络服务的操作系统。

1. 网络操作系统的特点

网络操作系统作为一种特殊的操作系统，具有以下特点。

（1）支持多用户多任务

由于网络操作系统需要在同一时间内为多个用户提供多个服务，所以网络操作系统一般都具有强大的多用户和多任务功能支持。

（2）支持大内存及多处理器

网络操作系统服务的负载往往较大，程序运行占用的系统存储资源和运算资源往往较多，这就需要网络操作系统支持更大的内存容量和更多的 CPU 数量。

（3）提供高效、可靠的网络通信能力

这是网络操作系统与其他操作系统最大的区别。普通操作系统着重点更倾向于处理机管理、存储器管理、设备管理和文件管理等基础性功能。

（4）支持多种网络协议和网络服务

通过网络对外提供基于特定协议的网络服务是网络操作系统的基本功能。因此，网络操作系统都集成了比较完善的网络协议，可以提供多种网络服务。互联网上使用最多的是 TCP/IP 协议族。

（5）具有较高的安全性

网络操作系统的工作环境是比较恶劣的。在网络环境下，网络操作系统可能会时刻面临来自内部网络和外部网络的各种安全威胁，比如恶意攻击、非法访问等。网络操作系统在设计之初都把安全性作为重要的性能指标之一，具有较普通操作系统更高的安全性设计。

2. 常用的网络操作系统

常用的网络操作系统有以下几种。

（1）Windows Server 系列网络操作系统

这是美国微软公司的产品，素来以功能强大、界面友好著称。

（2）UNIX 系列网络操作系统

UNIX 包括很多版本，有免费的开源版本，也有收费的商业版本。免费开源 UNIX 系统主要有 FreeBSD、NetBSD、OpenBSD、Open Solaris 等。商业版 UNIX 系统主要有 Oracle Solaris、IBM AIX、HP-UX 等。商业版 UNIX 系统一般不单独发售，要和硬件设备一起捆绑销售。

（3）Linux 操作系统

Linux 操作系统属于开源软件，任何人都可以从网上免费得到，可以直接使用，也可以修改后继续发行。对于公司来说，这意味着强有力的吸引力，可以节约很多成本。Linux 操作系统的功能、性能、稳定性和安全性都十分出色。

1.2　Windows 网络操作系统

本书中所指的 Windows 网络操作系统主要是 Windows Server 系列操作系统，桌面版 Windows 系统这里不作讨论。

1.2.1　Windows Server 版本发展历程

Windows Server 系统的发展历程如下。

1. Windows NT

1993 年，微软公司发布了 Windows NT 3.1 网络操作系统，主要用于工作站和服务器。1994 年发布了 NT 3.5，1996 年发布了功能更为强大的 NT 4.0 版本。Windows NT 4.0 的版本主要包括 Workstation 工作站版、Server 服务器版、Server Enterprise Edition 服务器企业版、Terminal

视频

Windows网络
操作系统概述

Server 终端服务器版等。

2. Windows 2000 Server

Windows 2000 Server 版本也被称作 NT 5.0，于 2000 年发布。Windows 2000 共有四个主要版本：Professional 专业版、Server 服务器版、Advanced Server 高级服务器版和 Datacenter Server 数据库服务器中心版。此外，还有 Powered 服务器嵌入版等特殊版本。

3. Windows Server 2003

2003 年，微软发布了基于 Window XP 的服务器版操作系统 Windows Server 2003。Windows Server 2003 主要版本有 Web Edition 版、Standard Edition 标准版、Enterprise Edition 企业版、Datacenter Edition 数据中心版四个版本。

4. Windows Server 2003 R2

Windows Server 2003 R2 属于 Windows Server 2003 的改进版，微软于 2005 年发布了该版本。

5. Windows Server 2008

2008 年，微软发布了 Windows Server 2008。一直到目前为止，该版本的安全性和稳定性依然颇受好评。Windows Server 2008 包括标准版、企业版等 8 种版本。

6. Windows Server 2008 R2

它是 Windows Server 2008 的升级版，也是微软第一个只提供 64 位版本的服务器操作系统。

【注意】和以前的 Windows Server 版本一样，随着时间的推移，到了 2020 年 1 月 15 日，微软官方宣布同时结束对 Windows 7、Windows Server 2008/Windows Server 2008 R2 的支持，这意味着 Windows Server 2008 的生命也走到了尽头。服务器使用一个不受官方支持的操作系统意味着巨大的不确定风险，对这些老版本，无论情怀如何，都到了该放手的时候了。

7. Windows Server 2012

2012 年，微软发布了 Windows Server 2012，它是 Windows 8 的服务器版本。该版本进行了大量的更新，支持新的虚拟化技术、Hyper-V 等。它的 PowerShell 支持 2 300 多条命令开关，而 Windows Server 2008 R2 只支持 200 多条。

8. Windows Server 2012 R2

Windows Server 2012 R2 是 Windows 8.1 的服务器版，提供数据中心和混合云支持。微软 2013 年发布该系统。本书的 Windows 部分就是以该版本为背景。

9. 更新的 Windows Server 版本

2016 年，微软发布了基于 Windows 10 的服务器版操作系统 Windows Server 2016。2018 年，微软又基于 Windows 10 1809 发布了 Windows Server 2019。但是作为服务器操作系统来说，更新的版本意味着全新的风险，这些新版本还需要时间的检验。

【注意】从 Windows Server 2008 R2 开始，微软所有的 Server 版操作系统都只提供 64 位版本。

1.2.2 Windows Server 2012 R2 简介

1. Windows Server 2012 R2 版本划分

Windows Server 2012 R2 是 Windows Server 2012 的升级版，功能强大易于部署。该版本 Windows Server 提供了完善的企业级数据中心和混合云解决方案，属于云操作系统。Windows Server 2012 R2 只有 64 位版本，其 Logo 见图 1-1。

图 1-1　Windows Server 2012 R2 Logo

Windows Server 2012 R2 包括 4 个版本：基础版、精华版、标准版和数据中心版。
各版本的区别如表 1-1 所示。

表 1-1　Windows Server 2012 R2 各版本对比

产品规格	基础版 (Foundation)	精华版 (Essentials)	标准版 (Standard)	数据中心版 (Datacenter)
发布方式	OEM	零售、大量授权、OEM	零售、大量授权、OEM	大量授权、OEM
文件服务限制	1 个独立的分布式文件系统根节点	1 个独立的分布式文件系统根节点	不限	不限
支持处理器数量	1	2	64	64
最大支持内存	32 GB	64 GB	4 TB	4 TB
用户上限	15	25	不限	不限
虚拟化权限	不适用	1 个物理机或 1 个虚拟机	2 个虚拟机	不限
远程桌面连接	20 个	250 个	不限	不限

　　【说明】这些版本都支持 DHCP、DNS、IIS、WDS、活动目录服务、传真等功能。标准版和数据中心版只有授权方式的区别，功能相同。本书实例中选用的是标准版。

2. Windows Server 2012 R2 版本需求

Windows Server 2012 R2 的硬件安装需求分为以下三种情况：

（1）最低硬件需求

最低硬件需求包括主频 1.4 GHz 以上的 64 位处理器核心、512 MB 及以上内存、32 GB 或更大的硬盘和标准以太网适配器（10/100 Mbit/s 或更快）。外围设备包括光驱、键盘、显示器和鼠标等。

但是在最低硬件配置下服务器几乎不能胜任任何实际工作，没有太多实用价值。

（2）角色需求

Windows Server 2012 R2 可以提供大量的服务和服务器角色，例如 IIS（因特网信息服务）、DNS 服务、DHCP 服务、RDS（远程桌面）服务、Hyper-V 虚拟化服务等。企业应该根据实际安装的服务数量和类型为服务器配置更多的硬件资源，例如 CPU、内存、硬盘等。

（3）工作负载需求

操作系统和服务的服务对象数量不同，对服务器的性能要求也不同。例如，搭建可以并发 100个会话的 Web 服务器和并发 1 000 个会话的 Web 服务器，对 CPU 的计算能力和内存的需求肯定不同。此外，除了操作系统和服务本身占用各种硬件资源外，服务器上安装的其他软件如 SQL Server

等，也是需要消耗系统资源的。当虚拟化服务器后，存在的多个虚拟机对系统资源的需求更是会数倍增加。这些工作负载方面的需求都是企业在配置服务器硬件时应该考虑的因素。

1.3 Linux 网络操作系统

1.3.1 自由软件

●视频

Linux网络操作系统

根据自由软件基金会（FSF）的定义，自由软件（Free Software）是赋予用户运行、复制、分发、学习、修改并改进软件自由的软件。这是和商业软件完全不同的一种软件形态。

如果一款软件属于自由软件，那么意味着：

- 任何人都可以免费得到该软件，并且任意使用——使用自由。
- 任何人都可以对该软件进行修改——修改自由。
- 任何人都可以对该软件进行复制——传播自由。
- 任何人都可以把修改后的软件版本再次分发——分发自由。

自由软件都遵循 GPL(GNU 通用公共许可证)。使用、修改和传播自由软件都必须接受该协议。该协议保证了自由软件的自由属性永远不被剥夺。

开源软件即开放源代码的软件。开源软件和自由软件的含义区别不大，所有自由软件都是开源软件，大多数开源软件都是自由软件。所以在很多时候并不对两者进行严格区分。

自由软件往往比商业软件拥有更长的生命周期，一款自由软件往往可以存在几年甚至几十年，并且不断有新版本推出，而商业软件相对寿命较短。这是因为商业软件都隶属于某个公司，其生命周期受公司的经营状况和产品策略的限制，而自由软件不受任何公司的限制。

1.3.2 Linux 操作系统简介

Linux 是典型的自由软件。

芬兰赫尔辛基大学二年级学生 Linus Torvalds 在 MINIX 基础上，开发了一个类 UNIX 的独立操作系统 Linux，在 1991 年发布了第一个版本 Linux 0.01，这标志着 Linux 时代的开始。1994 年，他又推出了 Linux 1.0，至此 Linux 逐渐成熟完善，并被人们广泛使用。

Linux 的基本思想有两点：第一，一切皆文件；第二，每个文件都有特定用途。在 Linux 系统上所有对象，包括传统文件、命令、硬件设备、进程等都被当做特定的文件进行管理。这和 UNIX 的思想非常接近，也正因为这个原因，Linux 才被误以为是基于 UNIX 的操作系统，实际上它是一个完全独立的操作系统。

Linux 具有如下 6 个特点：

- 免费开源，Linux 属于自由软件，源代码开放，任何人都可以免费得到并使用。
- 模块化程度高，用户可以根据需要对内核模块进行定制。
- 多用户多任务。
- 安全稳定。
- 支持多种硬件平台，从嵌入式设备到巨型机都有 Linux 的身影。
- 良好的可移植性。

Linux 的版本分为内核版本和发行版本两种。

Linux 的内核版本发行的权限依然握在 Linux 的缔造者 Linus 本人手里。Linus 和他领导的小组定期发布新的内核版本。目前最新的 Linux 内核版本是 5.3.2。内核版本号的命名规则是：主版本号.次版本号.修订版本号。

【说明】次版本号为奇数表示开发版，次版本号为偶数表示稳定版。例如 5.3.2，次版本号为 3 是奇数，所以属于开发版。而 3.10.0 的次版本号是 10，是偶数，所以属于稳定版。

Linux 内核的标志是一个企鹅，如图 1-2 所示。

一款完整的操作系统光有内核是不够的，还必须搭配一系列管理工具和应用软件才能组成一个完整的操作系统，这种组合便是开发版。

Linux 常用的国外发行版有 Fedora、Debian、RedHat、SUSE、CentOS、Ubuntu 等，国内发行版有红旗 Linux、中兴新支点操作系统、Deepin，以及新兴的统信 UOS 等。

图 1-2　Linux 内核 Logo

1.3.3　CentOS 7 网络操作系统

CentOS 是典型的红帽兼容 Linux，它是 RedHat Enterprise Linux 源代码再编译形成的社区发行版本。最大的特点是完全兼容红帽企业版，并且完全免费。在服务器领域，CentOS 的稳定性值得信赖。

目前常用的 CentOS 版本为 7。虽然 CentOS 8 正式版已经发布，但是各种系统和应用的迁移和更新仍需时日。

CentOS 7 的最新版本在国内可以通过阿里云提供的镜像服务器下载，速度比较快，网址是 http://mirrors.aliyun.com/centos/7/isos/x86_64/。下载界面如图 1-3 所示。目前最新版本是 CentOS 7.8.2003。

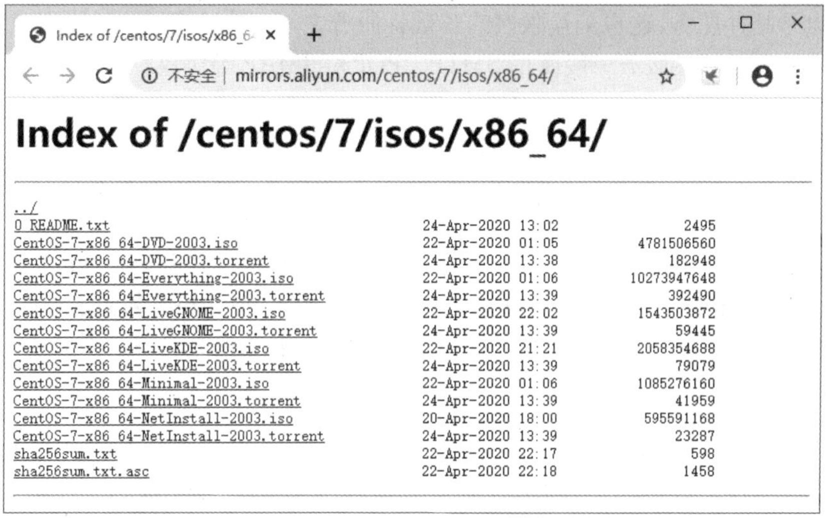

图 1-3　CentOS 7 下载界面

CentOS 7 除了具有一般 Linux 系统的普遍特点外，还具有如下特点：

- 较高的可靠性。CentOS/RHEL 依托红帽公司的强大技术实力，其发行版向来以安全稳定著称。
- 较好的硬件兼容性。市面流行的硬件平台都能得到良好的支持。
- 较长的生命周期。CentOS 每个版本的生命周期大约为 7~10 年。这意味着安装完操作系统后，在整个硬件的生命周期内，服务器不需要再次安装操作系统。

- 使用高可靠性的 XFS 为默认文件系统。XFS 是新一代日志文件系统，较 ext4 文件系统更为健壮可靠。

1.4 网络服务

1. DHCP 服务

DHCP 即动态主机配置协议，功能是向 DHCP 客户端自动分配 IP 地址、子网掩码等网络参数。DHCP 服务是网络操作系统常见的服务之一。Windows Server 系统和 Linux 系统都可以灵活地配置该项服务。

2. DNS 服务

DNS 即域名系统。DNS 服务器用于进行域名到 IP 地址或 IP 地址到域名的翻译。DNS 服务是互联网上应用最广泛的服务之一，是互联网的重要组成部分。

3. FTP 服务

FTP 即文件传输协议（File Transfer Protocol Server）。利用该协议可以方便地在互联网上分享文件。支持 FTP 协议的服务器被称为 FTP 服务器。

4. Web 服务

Web 服务一般指网站服务，这是互联网基础服务之一。如果想架设一个网站就需要配置一台 Web 服务器。

5. E-mail 服务

E-mail 即电子邮件服务，这也是互联网的基础性服务之一。通过电子邮件可以发送文字、图像、声音等多种信息。电子邮件服务一般使用 SMTP、POP3、IMAP 等协议。

本章小结

本章主要介绍了网络操作系统的概念和特点，常用的网络操作系统，Windows Server 的版本更迭历史，Windows Server 2012 R2 网络操作系统的版本划分、特点和安装需求，自由软件的概念，Linux 操作系统的由来、特点及版本类型，CentOS 7 网络操作系统的特点，最后介绍了互联网上常用的网络服务。

课后练习

一、选择题

1. 下列不属于网络操作系统的是（　　　）。

    A. Windows Server 2012 R2   B. CentOS 7

    C. Oracle Solaris   D. DOS

2. 以下版本的 Windows Server 2012 R2 中，功能最为强大的是（　　　）。

    A. 基础版　　　　　　　B. 数据中心版　　　　　C. 精华版　　　　　　　D. 标准版

3. 关于自由软件的说法错误的是（　　　）。

    A. 自由软件都是开源软件

    B. 任何人都可以免费使用、修改和再次发布自由软件

    C. 使用自由软件不需要遵循任何协议

    D. 自由软件往往较商业软件有更长的生命周期

4. 以下 Linux 内核的版本中，不属于稳定版的是（　　　）。

    A. 2.6.14　　　　　　　B. 3.10.0　　　　　　　C. 5.5.19　　　　　　　D. 5.6.24

5. 以下不属于互联网常用服务的是（　　　）。

    A. Web 服务　　　　　　　　　　　　　　B. HTTP 服务

    C. DNS 服务　　　　　　　　　　　　　　D. 以上服务都常用

二、思考题

1. 请列出 3 种常用的网络操作系统。

2. CentOS 7 系统有什么特点？

3. 互联网上有哪些常用的网络服务？

第 2 章

虚 拟 机

导学

一般情况下，操作系统都是安装在一台物理计算机上的。在实验环境下，一个操作往往需要使用 2 台或以上的计算机才能完成。一方面对硬件环境要求较高，需要较高的资金投入；另一方面，考虑到实验过程对系统的操作不确定性很高，设备的维护负担很重。对于这种情况，有没有比较合理的解决方案呢？

学习本章前，请思考：什么是虚拟机？如何创建虚拟机？

学习目标

1. 了解虚拟机的概念和特点。
2. 了解常用的虚拟机。
3. 熟练掌握虚拟机的创建方法。
4. 理解虚拟网络的概念和分类。
5. 掌握各种虚拟网络的原理和特性。

2.1 虚拟机简介

●视频

创建虚拟机

虚拟机就是通过软件方式虚拟出来的计算机。虚拟机软件是在 Windows 或 Linux 系统上运行的一个应用程序，可以模拟出基于 X86/X64 的虚拟计算机硬件环境，如 CPU、内存、硬盘、网卡、显示器、各种控制器等。这个被虚拟出来的计算机可以安装操作系统，也可以像实体计算机一样进行各种操作。

虚拟机的特点：

● 一台物理主机可以同时运行多个虚拟机，使一台计算机具有多台计算机的功能。

- 在虚拟机中可以进行各种比较"危险"的操作，而完全不会影响物理主机的安全性。
- 一台物理主机上的多个虚拟机可以运行多种操作系统，也可以运行同一个操作系统。
- 虚拟机具有快照功能，这是虚拟机某个时刻的一个副本，当系统崩溃后可以快速恢复到这个副本。

虚拟机也是有缺点的，虚拟机运行在虚拟的硬件系统里，和主机的物理资源中间多了一层软件层，这会导致硬件性能的损失。给人的感觉就是虚拟机里的操作系统运行速度没有物理机上的快。

2.2　常用虚拟机软件

1. VMware Workstation

VMware 公司总部位于美国加州帕洛阿尔托，主要从事虚拟化技术和云基础架构研究。VMware Workstation 是该公司的桌面级虚拟机软件，是目前最为流行的虚拟机软件之一，本书使用了该虚拟机的 15.0.2 版本。

2. Oracle VM VirtualBox

Oracle VM VirtualBox 是免费开源虚拟机软件，最初是 SUN 公司的产品，Oracle 收购 SUN 公司后，该产品的所有权就过渡到了 Oracle。

3. Parallels Desktop

这是苹果 MAC OS 上的虚拟机软件，它的性能比 VMware 更好。

4. Hyper-V

这是微软的虚拟化解决方案。该方案和其他虚拟机软件的最大不同在于实现了最底层的虚拟化，即安装了 Hyper-V 的主机操作系统实际上也成为 Hyper-V 上的一台虚拟机，和 Hyper-V 上的其他虚拟机具有同等的地位。

5. KVM

KVM 全称 Kernel-based Virtual Machine，即基于内核的虚拟机，是 Linux 平台下的虚拟化解决方案。但是和其他虚拟机软件不同，KVM 只是 Linux 内核的一个模块。管理 KVM 需要其他管理工具，比如 virt-manager 等。

2.3　VMware Workstation 虚拟机操作

2.3.1　安装 VMware Workstation 软件

VMware Workstation 虚拟机软件属于标准的商业软件，需要购买许可证。在 VMware 官方网站 https://www.vmware.com 可以下载最新免费试用版本。

VMware Workstations 的安装步骤如下：

①双击下载好的 VMware Workstation 安装文件，开始安装，如图 2-1 所示。

图 2-1   VMware Workstation 安装界面

②选中同意许可协议后单击"下一步"按钮，然后选择安装路径，也可以直接使用默认路径，安装路径选择界面如图 2-2 所示。

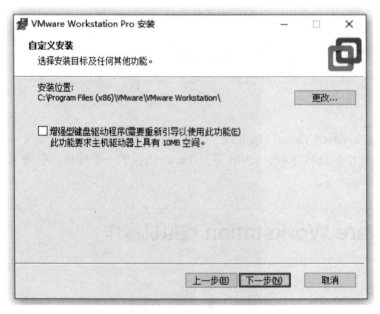

图 2-2   安装路径选择界面

③其他选项可以不修改，直接使用默认选项直到最后一步。

④安装最后一步如图 2-3 所示，如果已经购买了许可证则单击"许可证"按钮输入许可证号，如果暂时没有，直接单击"完成"按钮，这时使用的是试用版。

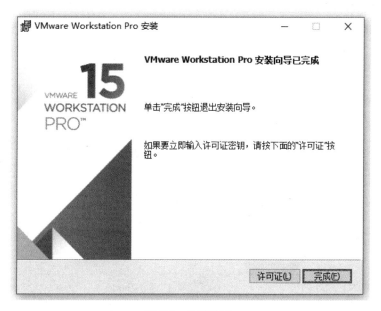

图 2-3　完成安装

2.3.2　创建虚拟机

虚拟机是指通过软件模拟的计算机系统。虚拟机软件可以在一台主机上虚拟出多台虚拟机。这些虚拟机还可以多台同时运行，但是前提是主机必须有足够的计算资源、内存容量和存储空间。

创建虚拟机就是模拟出一台虚拟计算机，步骤如下：

①启动 VMware Workstation，操作界面如图 2-4 所示。

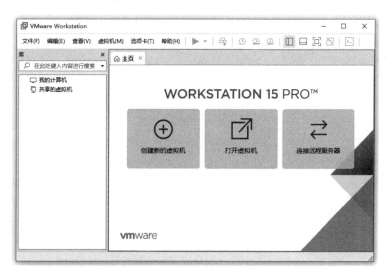

图 2-4　VMware Workstation 操作界面

②单击"文件"菜单，选择"新建虚拟机"项，弹出图 2-5 所示对话框。选择"典型（推荐）"，然后单击"下一步"按钮。

图 2-5　创建虚拟机向导对话框

　　③客户机操作系统安装源选择界面如图 2-6 所示,这里选择"稍后安装操作系统",然后单击"下一步"按钮。

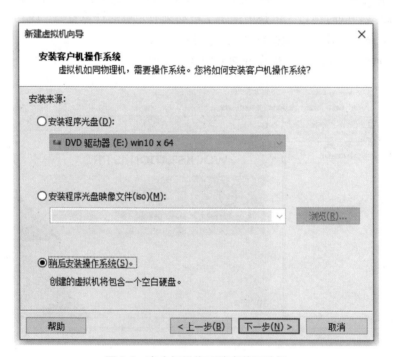

图 2-6　客户机操作系统安装源选择

　　④操作系统选择界面如图 2-7 所示。这一步根据计划为该虚拟机安装的操作系统类型进行选择。例如,要安装 CentOS 7,进行图 2-7 所示的选择即可。单击"下一步"按钮。

图 2-7　操作系统选择

【注意】不同的操作系统对硬件运行环境的需求不同，所以这一步最好选择和待安装操作系统一致的选项。VMware Workstation 支持市面上大多数主流的通用操作系统。如果实在没有一致的，也要尽可能选择接近的。

⑤虚拟机存储位置选择。如图 2-8 所示进行虚拟机存储位置选择。虚拟机在主机上用一系列文件存储。每一台虚拟机应该使用不同的存储路径。单击"下一步"按钮。

图 2-8　虚拟机存储位置选择

【注意】一般来讲，应该选择主机上剩余存储空间比较大的磁盘进行存储，因为一台虚拟机往往需要几 GB 的存储空间。如果创建的虚拟机比较多，对空间的需求更是会成倍增加。

⑥设置虚拟磁盘容量。VMware Workstation 根据用户选择的操作系统不同，会推荐不同的磁盘容量，如图 2-9 所示。用户在这个界面也可以自己设置磁盘容量。单击"下一步"按钮。需要注意的是，这里应设置大一些的容量。VMware 会对虚拟磁盘的空间进行动态管理，对于虚拟机没有占用的磁盘空间，VMware 不会占用主机的实际存储空间。

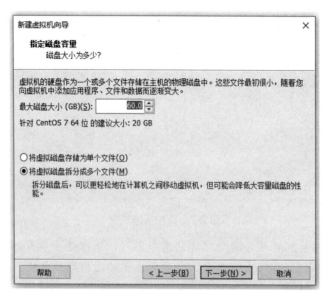

图 2-9　磁盘容量设置

⑦完成虚拟机创建。

如图 2-10 所示，在这一步还可以对虚拟机的硬件参数进行进一步的设置，如果想定制则单击"自定义硬件"按钮。

图 2-10　完成虚拟机创建

默认为 CentOS 7 推荐的是 1 GB 内存，如果想改为 2 GB，设置方法如图 2-11 所示。

图 2-11　硬件参数修改

其他硬件参数，例如 CPU 的个数、内核数、网卡的工作模式等参数都可以在这个界面设置。而且即使虚拟机已经安装完，这些参数也可以随时修改。

【说明】这里完成的虚拟机的创建，只是模拟了一套虚拟硬件，并未安装任何操作系统，这只是一台"裸机"。如果想要操作虚拟机，还需要为它安装必要的操作系统。

2.4　虚拟网络

2.4.1　虚拟网络概述

每台虚拟机都可以通过虚拟网卡接入虚拟网络。VMware Workstation 在主机内部默认创建了 3 个虚拟网络，也就是存在 3 台虚拟交换机。利用这些虚拟网络，虚拟机之间或者虚拟机和主机之间可以组成局域网，以便实现网络访问。如果主机可以连接互联网，则虚拟机经过适当配置同样可以连接互联网。

VMware Workstation 软件构建的 3 个虚拟交换机如表 2-1 所示。

表 2-1　VMware Workstation 虚拟交换机

虚拟交换机描述	虚拟交换机 VMnet0	虚拟交换机 VMnet1	虚拟交换机 VMnet8（默认）
工作模式	桥接	仅主机	NAT
连接外网（互联网）	取决于外部网络环境	否	取决于主机
是否提供 DHCP 服务	否	是	是
虚拟机对外部主机是否可见	是	否	否

3 个虚拟交换机分别对应 3 个网络：VMnet0、VMnet1 和 VMnet8。

2.4.2　虚拟网络工作方式

1. 连接桥接网络 VMnet0

当把虚拟机网卡模式设置为桥接模式时，虚拟机连接 VMnet0 虚拟交换机，接入 VMnet0 虚拟网络。这时的虚拟机连网拓扑结构如图 2-12 所示。

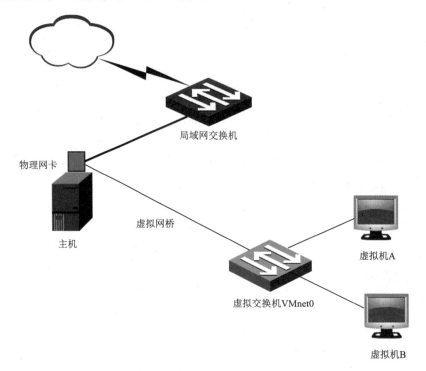

图 2-12　桥接网络连网拓扑图

上面的原理等价为图 2-13 所示的拓扑。

在桥接模式下，虚拟机和主机都相当于直接连接到物理交换机上。在局域网内，虚拟机和主机具有完全相同的地位。

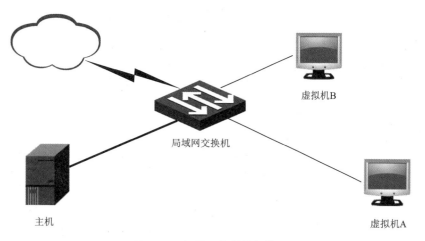

图 2-13　桥接网络等价拓扑图

2.　连接仅主机模式网络 VMnet1

当把虚拟机网卡模式设置为仅主机模式时，虚拟机会被连接到一个封闭的虚拟局域网 VMnet1 中，这时只有虚拟机之间或虚拟机和主机之间可以互相访问，虚拟机不能访问外部网络。网络连接拓扑图如图 2-14 所示。

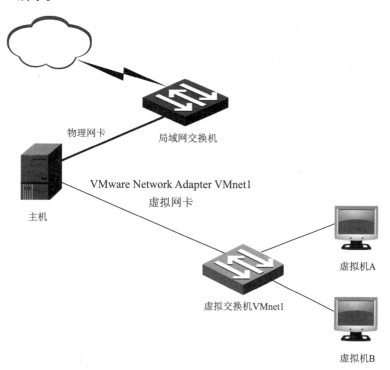

图 2-14　仅主机模式网络连网拓扑图

3.　连接 NAT 模式网络 VMnet8

NAT 全称 Network Address Translation（网络地址转换），一般用于内部局域网连接互联网。NAT 网络可以允许内部虚拟机通过主机网络连接外部网络，例如互联网。NAT 模式网络连网拓扑图如图 2-15 所示。

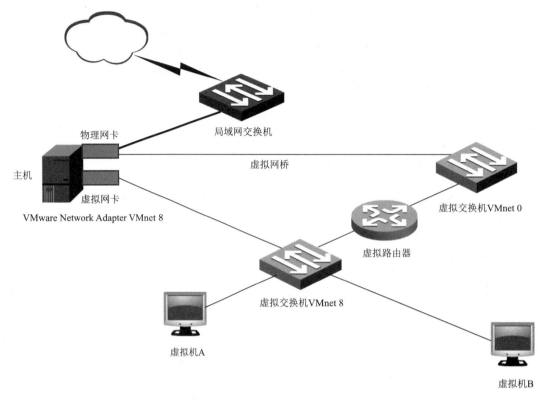

物理网卡

局域网交换机

主机

虚拟网桥

虚拟网卡

虚拟交换机VMnet 0

VMware Network Adapter VMnet 8

虚拟路由器

虚拟交换机VMnet 8

虚拟机A

虚拟机B

图 2-15　NAT 模式网络连网拓扑图

在 NAT 模式网络下，虚拟机通过 VMware Workstation 提供的内部 NAT 虚拟网关连接外网，但是 NAT 的特性决定了外部主机并不能直接看到虚拟机。

【注意】NAT 模式网络下各台虚拟机是通过内部虚拟路由器访问外网，并不是通过主机虚拟网卡 VMware Network Adapter VMnet8，所以这个虚拟网卡即使被禁用，也不会影响虚拟机连网。

本章小结

本章主要介绍了以下内容：

1. 虚拟机的概念和特点。

2. 常用的虚拟机软件。

3. VMware Workstation 的安装方法。

4. 新建虚拟机的操作步骤。

5. 虚拟网络的分类及工作方式。

课后练习

一、选择题

1. 关于虚拟机的说法正确的是（　　　）。

   A. 一台物理主机只能创建一台虚拟机

   B. 若一台虚拟机安装了 Windows 10 操作系统，在虚拟机里看到的 C 盘内容就是物理主机 C 盘里的内容

   C. 一台物理主机里的多台虚拟机可以进行组网，并相互通信

   D. 如果在虚拟机中因为操作不慎导致其瘫痪，将会危及主机安全性

2. 用典型步骤新创建的虚拟机，默认情况下它的网卡工作模式是（　　　）

   A. 桥接模式　　　　B. NAT 模式　　　　C. 仅主机模式　　　　D. 模式随机

3. 在创建虚拟机时，为虚拟机的虚拟硬盘指定了 80 GB 的存储容量，关于该虚拟机的虚拟硬盘说法错误的是（　　　）。

   A. VMware 立刻分配 80 GB 空间给该虚拟机

   B. 占用存储空间最大 80 GB，但是默认不会立刻分配

   C. 随着虚拟机对存储空间的需求增加，物理存储空间占用也会动态增加

   D. 后期还可以随时为虚拟机增加新的虚拟硬盘

4. 虚拟机连接互联网时，一般要将虚拟网卡的工作模式设置为（　　　）。

   A. 桥接模式　　　　B. NAT 模式　　　　C. 仅主机模式　　　　D. 以上模式都可以

二、思考题

1. VMware Workstation 虚拟机软件新建虚拟机的步骤是什么？

2. 虚拟机的虚拟网络分为哪几种？各有什么特点？

实验指导

【实验目的】

掌握虚拟机的常规操作方法。

【实验环境】

安装了 Windows 10 操作系统的主机一台。

【实验内容】

1. 在 VMware 官方网站下载最新版本的 VMware Workstation。

2. 在 Windows 10 系统内按默认选项安装 VMware Workstation。

3. 启动 VMware Workstation 熟悉操作界面。

4. 新建两台虚拟机，将来分别计划安装 Windows Server 2012 R2 和 CentOS 7。

5. 打开 VMware Workstation 的虚拟网络编辑器，路径是"编辑"菜单→"虚拟网络编辑器"，分别记录如下信息：

（1）VMnet0 虚拟交换机桥接的网卡名字。

（2）VMnet1 虚拟交换机的工作模式、对应的主机虚拟网卡的名字、DHCP 网段。

（3）VMnet8 虚拟交换机的工作模式、对应的主机虚拟网卡的名字、DHCP 网段。

6. 将其中一台虚拟机网卡工作模式设置为仅主机模式，另一台虚拟机网卡工作模式设置为桥接模式。

第 2 篇

Windows Server 2012 R2 系统运维与服务管理

Windows Server 2012 R2 是微软出品的网络操作系统。系统功能强大、性能卓越、部署方便、集成化程度高、管理运维便捷，在大、中、小型企业和机关、事业单位等都有广泛的应用，尤其受到中小型企业的青睐。

本篇主要介绍了 Windows Server 2012 R2 系统的安装和基本配置、磁盘和文件系统管理，以及基于该系统的 DHCP 服务器配置与管理、DNS 服务器配置与管理、IIS 的配置与管理、活动目录域服务的配置与管理等内容。

第 3 章

Windows Server 2012 R2 的安装和基本配置

导学

Windows Server 系列操作系统在网络操作系统大家庭中占据着举足轻重的地位。它功能强大，安全稳定，界面友好，易于管理，受到众多中小型企业的青睐。Windows Server 2012 R2 是目前使用较多的 Windows Server 版本。

学习本章前，请思考下列问题：Windows Server 2012 R2 如何进行安装和基本配置？

学习目标

1. 熟练掌握 Windows Server 2012 R2 的安装方法。
2. 熟练掌握 Windows Server 2012 R2 的网络配置方法。
3. 掌握 Windows Server 2012 R2 防火墙的管理方法。
4. 掌握 Windows Server 2012 R2 用户和组的管理方法。

3.1 Windows Server 2012 R2 的安装

●视频

Windows Server
2012 R2 安装

Windows Server 2012 R2 可以采用多种安装方式，例如光盘安装、硬盘安装、网络安装等，其中光盘安装最为简便。

如果是物理服务器，将光盘放入光驱，BIOS 中设置光盘启动，直接开机加电，系统就会自动进入安装向导。如果是虚拟机中安装，需要按前面章节内容新建用于安装 Windows Server 2012 R2 的虚拟机，然后把光盘插入物理主机的光驱，或者虚拟机加载安装光盘镜像（*.iso 文件），然后开启虚拟机。剩余步骤和物理服务器用安装光盘安装系统一样。

如果，在 VMware Workstation 中已经创建了一台虚拟机用于安装 Windows Server 2012 R2，安

装步骤如下：

①依次单击 VMware Workstation 的"虚拟机"→"设置"菜单，弹出图 3-1 所示的窗口。左侧窗格中单击选中"CD/DVD（SATA）"项，右侧窗格选择"使用 ISO 映像文件"单选按钮，并单击"浏览"按钮，选择 Windows Server 2012 R2 的安装镜像。最后单击"确定"按钮。

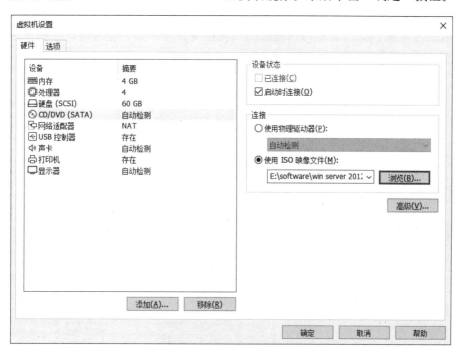

图 3-1　选择安装镜像

②单击 VMware Workstation 工具栏的"▶"按钮启动虚拟机，自动进入安装向导。

③第一个安装界面为安装语言、键盘和输入方法选择界面，如图 3-2 所示，使用默认选项，直接单击"下一步"按钮。

④单击"现在安装"按钮，启动安装程序，如图 3-3 所示。

图 3-2　安装语言、键盘和输入方法选择

图 3-3　启动安装程序

⑤如图 3-4 所示，显示当前安装镜像包括 2 个版本 Windows Server 2012 R2：标准版（Standard）和数据中心版（Datacenter）。每种版本有 2 种安装方式：不带图形界面和带图形界面（GUI）。这里选择"Windows Server 2012 R2 Standard（带有 GUI 的服务器）"，然后单击"下一步"按钮。带有 GUI 是有代价的，会占用更多的系统资源，例如 CPU 资源、内存资源等，但是优点是管理界面比较友好，易于管理配置。

⑥在查看许可条款界面，需要勾选底部的"我接受许可条款"复选框，否则无法继续安装。勾选后，单击"下一步"按钮。

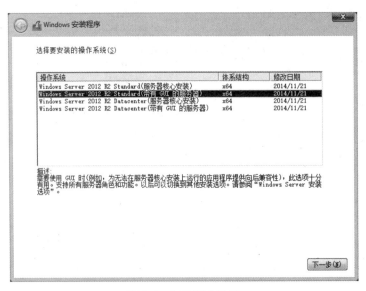

图 3-4　安装版本选择

⑦如图 3-5 所示，选择安装类型。对于全新安装来说，要选择"自定义：仅安装 Windows（高级）"。默认选项"升级"将会升级现有 Windows 系统。这里属于全新安装，因此选择"自定义：仅……"项。

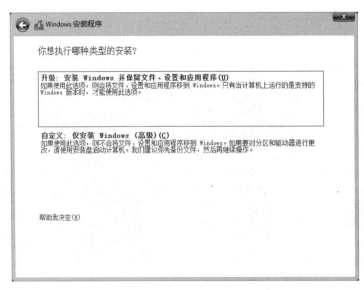

图 3-5　安装类型选择

⑧如图 3-6 所示，这一步是安装位置选择。如果未分区硬盘，这一步需要进行分区操作。单击窗口底部"新建"项，如图 3-7 所示，输入以 MB 为单位的分区大小，然后单击"应用"按钮，注意，1 GB=1 024 MB。这时系统弹出一个对话框，提示系统运行还需要一个额外的系统分区，直接单击"确定"按钮。

重复这个步骤，利用硬盘剩余空间再创建一个分区。

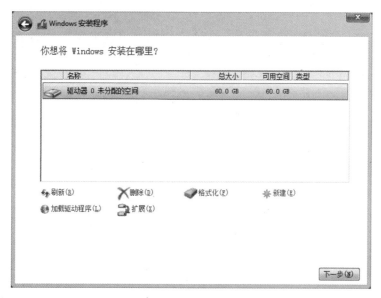

图 3-6　安装位置选择

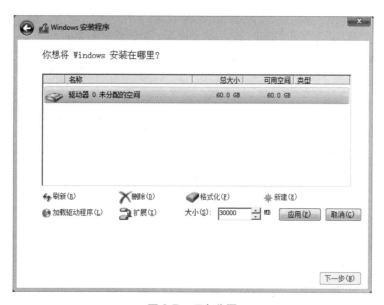

图 3-7　硬盘分区

分区结果如图 3-8 所示。

Windows 操作系统通常安装在第一分区。但是 Windows Server 2012 R2 需要自动创建一个 350 MB 的系统分区，作为系统保留分区，不能用于其他用途。所以操作系统实际上是安装在第 2

分区。装好后第 2 分区才是系统显示的 C 盘。C 盘必须足够大。一般刚装完系统，C 盘占用不超过 10 GB，但是 C 盘空间占用会随着日后的软件安装和系统运行越来越大，如果日后空间不足会很麻烦。

对于分区的数量，建议最少分 2 个区，一个分区用于安装 Windows 操作系统，另一个分区用于安装软件或者存储数据。具体分区数量可以根据规划进行设置，但是只分一个区会有很大安全隐患。

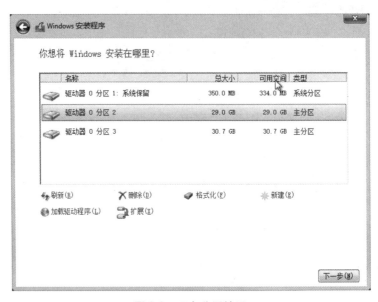

图 3-8　硬盘分区结果

⑨选择"分区 2"，单击"下一步"按钮，进入安装过程。这个步骤需要时间较长。不需要用户干预，完成后系统会自动重启，如图 3-9 所示。

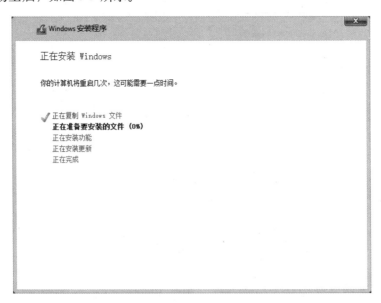

图 3-9　安装过程

⑩如图 3-10 所示,第一次启动系统后会提示用户设置管理员密码。密码必须有一定的复杂度,否则无法继续。密码复杂性要求为:

- 密码中不能包含用户名,或包含用户名中超过连续两个字符。
- 最少 6 个字符长度。
- 密码中最少包含大写英文、小写英文、数字、特殊符号（!、$、#、%）4 种字符中的 3 种。

输入符合要求的密码后单击"完成"按钮。

图 3-10　设置管理员密码

⑪按 [Ctrl+Alt+Delete] 组合键出现登录界面。如果是虚拟机环境,需要依次单击"虚拟机"→"发送 Ctrl+Alt+Del"菜单项,用于代替上述组合键。然后输入正确的管理员密码,登录系统,完成安装,如图 3-11 所示。

图 3-11　欢迎界面

3.2 Windows Server 2012 R2 网络配置

默认情况下，Windows Server 2012 R2 的网卡 IP 地址为自动获取。提供网络服务通常需要配置固定 IP 地址。

3.2.1 查看网络连接参数

1. 打开"网络和共享中心"窗口

依次单击"开始"→"控制面板"，打开控制面板窗口。然后选择"网络和 Internet"→"网络和共享中心"，打开"网络和共享中心"窗口，如图 3-12 所示。

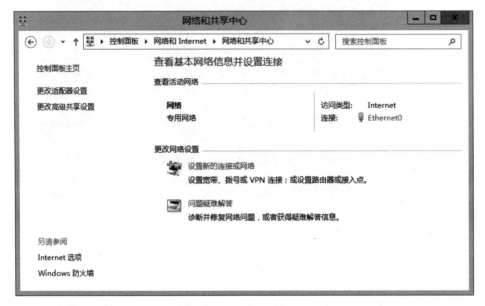

图 3-12 "网络和共享中心"窗口

该窗口列出了所有活动的网络连接。

2. 查看网络连接状态

在右面窗格中单击对应的网络连接名，例如"Ethernet0"，可以查看更详细的信息，例如连接状态、持续时间、速度、收发的字节数等，如图 3-13 所示。

3. 查看网络连接详细参数

查看更详细的参数，例如，MAC 地址、IP 地址、子网掩码、默认网关、DNS 地址等，需要单击"详细信息"按钮，弹出对话框如图 3-14 所示。如果连接的配置状态是自动获取 IP 地址，还可以看到 DHCP 服务器、租约起止时间等参数。

图 3-13　查看 Ethernet0 状态　　　　　图 3-14　查看 Ethernet0 IP 地址

3.2.2　修改网络连接参数

修改 IP 地址、子网掩码等网络连接参数的方法如下。

1. 打开"网络连接"窗口

打开图 3-12 所示"网络和共享中心"窗口，单击左侧的"更改适配器设置"链接项，打开图 3-15 所示"网络连接"窗口。

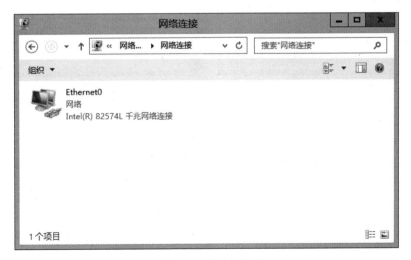

图 3-15　"网络连接"窗口

2. 启动网络连接属性对话框

右击需要修改的网络连接，例如"Ethernet0"，在弹出的快捷菜单中选择"属性"，弹出图 3-16 所示的"Ethernet0 属性"对话框。

3. 设置 IP 地址等网络参数

选择"Internet 协议版本 4 (TCP/IPv4)"，单击"属性"按钮，进行 IP 地址设置，如图 3-17 所示。默认选项是"自动获取 IP 地址"，如果使用静态 IP 地址，需要选中"使用下面的 IP 地址"和"使用下面的 DNS 服务器地址"，然后进行指定，如图 3-17 所示。

图 3-16 "Ethernet0 属性"对话框

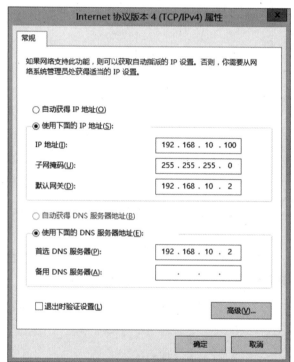

图 3-17 IP 地址设置

【说明】 关于 IP 地址、子网掩码、默认网关、DNS 服务器地址这 4 项，并不是任何情况下都需要设置。具体分为下列几种情况：

- 如果只需要访问局域网资源和进行局域网通信，通常只需要设置 IP 地址和子网掩码 2 项。
- 如果需要访问外网，但是不需要进行域名解析，只需要配置 IP 地址、子网掩码、默认网关 3 项。
- 如果需要访问外网，而且也需要域名解析，就需要配置 IP 地址、子网掩码、默认网关和 DNS 4 项。

4. 高级 TCP/IP 设置

在某些情况下，需要设置多个 IP 地址、多个网关、WINS 服务器地址等，可以通过"高级 TCP/IP 设置"对话框进行设置。单击图 3-17 对话框中的"高级"按钮，启动"高级 TCP/IP 设置"对话框，如图 3-18 所示。

图 3-18　"高级 TCP/IP 设置"对话框

5. 为网络连接添加多个 IP 地址

如图 3-18 所示，单击 IP 地址配置区域的"添加"按钮，弹出图 3-19 所示"TCP/IP 地址"对话框。输入其他 IP 地址和相应的子网掩码后单击"添加"按钮，完成一个 IP 地址的添加。多次重复该步骤，可以添加多个 IP 地址。

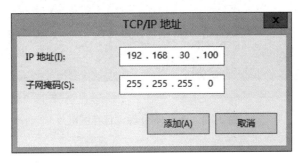

图 3-19　添加 IP 地址

3.3 Windows Server 2012 R2 常用命令行网络工具

Windows Server 2012 R2 提供了两种命令行工具：传统的 CMD 和全新的 Windows Power Shell，前者短小精悍，后者功能强大。

1. ping——探测到目标主机之间的网络连接状态

命令格式：

```
ping [选项]... <目的主机名或 IP 地址 >
```

【格式说明】

ping 命令常用选项如表 3-1 所示。

表 3-1　ping 命令常用选项

选　项	功　能
-t	持续探测目标主机，直到按下 [Ctrl+Break] 或 [Ctrl+C] 组合键
-i	指定生存周期
-n	指定发送的请求数，不指定默认发送 4 个

【示例】使用 ping 命令探测目标主机 192.168.10.1 是否可达，发送 5 次探测请求。命令及运行结果如图 3-20 所示。

图 3-20　使用 Ping 探测目标主机

2. ipconfig——查看网络配置参数

命令格式：

```
ipconfig [选项]
```

【格式说明】

ipconfig 命令常用选项如表 3-2 所示。

表 3-2　ipconfig 命令常用选项

选　项	功　能
/all	显示完整配置信息
/release	释放指定适配器的 IPv4 地址
/renew	更新指定适配器的 IPv4 地址

【示例】查看本地网络连接的完整信息。命令及运行结果如图 3-21 所示。

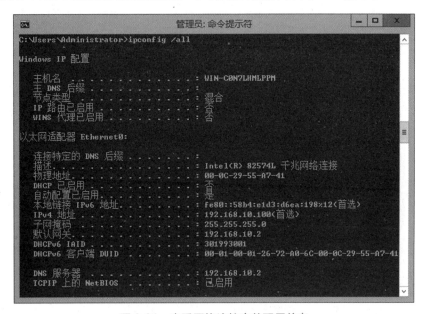

图 3-21　查看网络连接完整配置信息

3.4　Windows Server 2012 R2 防火墙管理

3.4.1　防火墙的开启和关闭

在控制面板中可以启用或关闭公用网络和专用网络的防火墙。

①打开控制面板。

②打开 Windows 防火墙管理窗口。依次单击控制面板中的"系统和安全"→"Windows 防火墙"，打开"Windows 防火墙"窗口，如图 3-22 所示。

图 3-22 "Windows 防火墙"窗口

③启用或停止防火墙。单击图 3-22 所示窗口左侧的"启用或关闭 Windows 防火墙"链接，打开图 3-23 所示"自定义设置"窗口。单击专用网络或公用网络设置的"启用 Windows 防火墙"或"关闭 Window 防火墙（不推荐）"可以启用或停用对应网络的防火墙。

图 3-23 启用或关闭 Windows 防火墙

3.4.2 防火墙规则设置

开启 Windows 防火墙会增加额外的安全性，是推荐操作。防火墙启用后会按照设定的规则对网络流量进行过滤。如果服务器增加了新的网络服务，通常需要在防火墙中增加对应的允许规则，以便该服务的流量能通过防火墙。

Windows 防火墙会根据流量的方向、源 IP、源端口、目的 IP、目的端口、通信协议、本地应用程序等参数和已有规则进行对比，以此判定是否允许流量通行。

添加防火墙入站规则的操作步骤如下。

①启动防火墙高级设置窗口。在图 3-22 所示的防火墙管理窗口中，单击左侧的"高级设置"链接，弹出图 3-24 所示的防火墙高级设置窗口。

图 3-24　防火墙高级设置

②查看已有入站规则。单击左侧的"入站规则"后，中间窗格会显示已有规则，右侧窗格显示可以选择的操作，如图 3-25 所示。

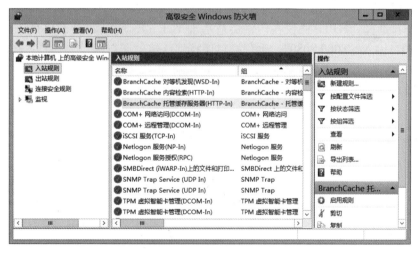

图 3-25　查看入站规则

选中一个规则后，在右侧的操作窗格中可以对该规则进行启用、禁用、复制、剪切、删除等操作。双击一个规则可以显示规则的详细属性。

③新建规则。单击窗格右侧的"新建规则"链接可以新建规则。新建入站规则的第一步是选择规则类型，如图 3-26 所示。可选的规则类型有程序、端口（协议和端口）、预定义和自定义 4 种。自定义规则可以对流量进行更精准控制，另外 3 种类型的规则都可以由自定义规则实现。

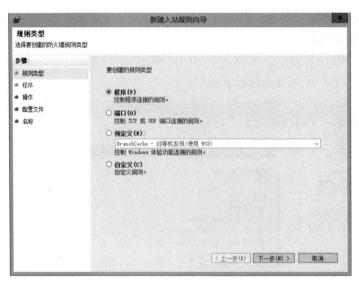

图 3-26　选择创建的规则类型

例如，新安装了使用 8000 和 8080 非标准端口的 IIS Web 虚拟主机，需要在防火墙里放行这两个端口。

选择"自定义"单选按钮后，单击"下一步"按钮。

④选择程序。只限定端口的协议，这里可以选择"所有程序"。如果需要精确到某一个程序，可以选择下面的"此程序路径"后，单击"浏览"按钮按需要进行选择。

选择"所有程序"后，单击"下一步"按钮。

⑤协议和端口选择。HTTP 协议在传输层是基于 TCP 的，所以如图 3-27 所示，协议类型选择"TCP"，本地端口输入"8000,8080"，远程端口保持默认值"所有端口"。

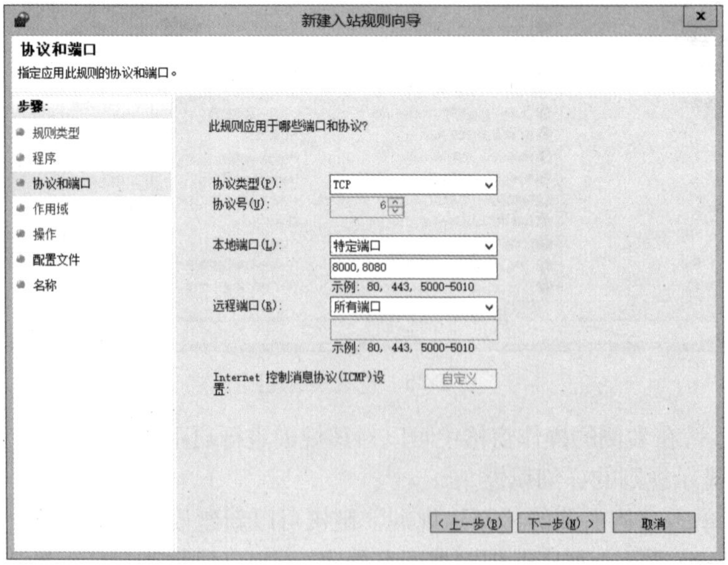

图 3-27　协议和端口选择

⑥作用域选择。作用域表示规则应用在本地的哪些 IP 地址上和远端的哪些 IP 地址上。这里不进行设置，默认可以应用在所有本地 IP 和远端 IP 上。

⑦操作选择。操作有 3 种：允许连接、只允许安全连接、阻止连接。这里根据需要，选择"允许连接"，如图 3-28 所示。

⑧配置文件选择。配置文件代表了规则的作用网络。共有 3 个配置文件：域、专用、公用。默认全选，这里不作更改，直接单击"下一步"按钮。

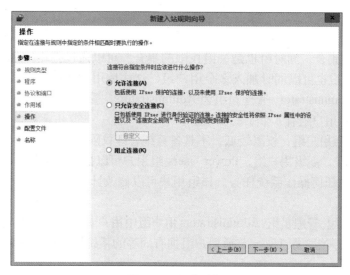

图 3-28　操作选择

⑨规则名称设置。规则名称是规则的一个代号，名称由管理员指定，例如：设置为"web2"，单击"完成"按钮，如图 3-29 所示。

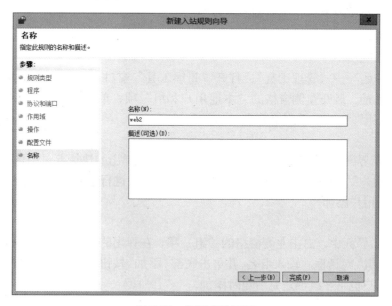

图 3-29　规则名称设置

入站规则用于限制外部主机发起的流量，出站规则用于限制内部服务或程序向外部主机发起的流量。

出站规则的创建方式和入站规则基本一样。

3.5 Windows Server 2012 R2 用户和组

3.5.1 用户和组概述

用户组是用户的集合，同时组也是一组权限的集合。可以通过把用户加入组的方式为用户批量赋予权限。一个用户也可以同时加入多个用户组，这样该用户就拥有了所有这些组的权限。默认的管理员账号是 Administrator，管理员组为 Administrators。管理员组的用户都具有管理员权限。

常见的 Windows 用户组有 6 个：

- Users 组。普通用户组，权限较低，不具备系统管理权限。
- Power Users 组。高级用户组，Power Users 组用户可以执行除了为 Administrators 组保留的任务外的其他任何操作系统任务。该组用户可以修改计算机的设置。这个组的权限级别仅次于管理员组。
- Administrators 组。管理员组，Administrators 用户组中用户对计算机有不受限制的完全访问权。
- Guests 组。来宾组，跟 Users 普通用户组拥有同等的系统访问权，但来宾账户的限制更多，权限级别更低。
- Everyone。该组代表了所有用户，因为这个计算机上的所有用户都属于这个组。
- SYSTEM 组。这个组拥有和 Administrators 管理员组一样甚至更高的权限，在查看用户组的时候它不会被显示出来，也不允许任何用户加入。这个组主要是保证了系统服务的正常运行，赋予系统服务运行所需的必要权限。

3.5.2 用户和组管理

1. 用户和组的查看

依次单击"开始"→"管理工具"，打开"管理工具"窗口。双击"计算机管理"，启动"计算机管理"管理单元。展开左侧窗格的"本地用户和组"项，单击"用户"可以看到本机所有的用户列表，单击"组"则可以看到组列表，如图 3-30 所示。

2. 添加用户

在图 3-30 所示界面中，右击左侧窗格的"用户"项，在弹出的快捷菜单中选择"新用户"，弹出图 3-31 所示"新用户"对话框，输入新用户的用户名和密码，进行适当的账户选项设置后，单击"创建"按钮，完成新用户添加。

3. 添加组

在图 3-30 所示界面中，右击左侧窗格的"组"项，在弹出的快捷菜单中选择"新建组"，弹出图 3-32 所示"新建组"对话框。输入组名，并单击底部"添加"按钮，按提示查找并选择相应用户后，添加到该组中。用户也可在组创建完后随时添加。

图 3-30　用户和组管理

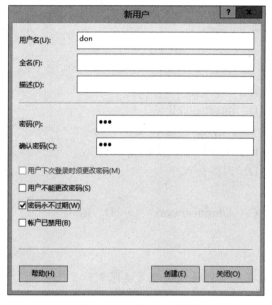

图 3-31　"新用户"对话框　　　　　　　图 3-32　"新建组"对话框

【说明】在用户或组列表中，双击对应的名称可查看和修改其属性。

本章小结

本章主要介绍了以下内容：

1. 使用光盘或光盘映像安装 Windows Server 2012 R2 的步骤。
2. Windows Server 2012 R2 网络配置方法。
3. Windows Server 2012 R2 常用命令行网络工具——ping 和 ipconfig。
4. Windows Server 2012 R2 防火墙管理。
5. Windows Server 2012 R2 用户和组管理。

课后练习

一、选择题

1. 关于 Windows Server 2012 R2 的密码策略，错误的是（　　）。
   A. 密码中不能包含用户名
   B. 密码中不能包含用户名中超过连续两个字符
   C. 最少 8 个字符长度
   D. 密码中最少包含大写英文、小写英文、数字、特殊符号（!、$、#、%）4 种字符中的 3 种

2. 只需访问本地局域网时，网络连接需要配置的参数有（　　）。
   A. IP 地址
   B. IP 地址、子网掩码
   C. IP 地址、子网掩码、默认网关、DNS 地址
   D. IP 地址、子网掩码、默认网关

3. 查看网卡 MAC 地址需要使用的命令是（　　）。
   A. ipconfig   B. ipconfig /release
   C. ipconfig /renew   D. ipconfig /all

4. Windows Server 2012 R2 防火墙规则进行流量过滤的依据不包括（　　）。
   A. 源 IP 地址和目的 IP 地址   B. 源端口号和目的端口号
   C. 产生流量的目的主机 MAC 地址   D. 网络协议

5. Windows Server 2012 R2 的管理员为（　　）。
   A. Admin   B. Administrator   C. Administrators   D. Root

二、思考题

1. 如何通过网络安装 Windows Server 2012 R2？
2. Windows Server 2012 R2 的默认密码策略是什么？如何关闭密码策略限制？

实验指导

【实验目的】
掌握 Windows Server 2012 R2 的安装方法和基本管理方法。

【实验环境】
　　一台未安装操作系统的虚拟机或物理主机，Windows Server 2012 R2 光盘（物理主机用）或光盘映像（虚拟机用）。

【实验内容】
　　1. 在虚拟机或物理主机中完全安装 Windows Server 2012 R2。
　　2. 配置 Windows Server 2012 R2 网络参数，要求如下：
　　（1）IP 地址：172.21.16.16。

（2）子网掩码：255.255.255.0。

（3）默认网关：172.21.16.1。

（4）DNS 地址：172.21.16.1。

3. 使用 ping 命令探测默认网关是否可达。

4. 设置 Windows 防火墙规则，入站方向允许 53、80、8000、20~23 端口通过。

5. 添加用户 s1、s2 和组 students。

6. 重设 s1 密码，密码自拟。

7. 把 s1 和 s2 所属组改为 students。

第 4 章

Windows Server 2012 R2 磁盘和文件系统管理

导学

　　除了提供各种网络服务，网络操作系统对磁盘和文件系统的管理也是其重要职能。Windows Server 2012 R2 除了 NTFS 文件系统，还引入了新的文件系统 ReFS，并且支持动态磁盘管理。

　　学习本章前，请思考：如何管理文件系统的权限？ Windows Server 2012 R2 动态磁盘有哪些特性？

学习目标

1. 掌握 Windows Server 2012 R2 磁盘和分区管理方法。
2. 熟练掌握静态磁盘和动态磁盘管理方法。
3. 掌握镜像卷和 Raid 5 卷的数据恢复方法。
4. 了解 Windows Server 2012 R2 常用文件系统的特点。
5. 掌握 NTFS/ReFS 系统文件和目录的权限类型及权限设置方法。
6. 了解 NTFS 文件系统的压缩、加密和磁盘配额管理方法。

4.1 磁盘和分区管理

　　Windows Server 2012 R2 内置磁盘和分区管理工具——磁盘管理，位于计算机管理控制台内，如图 4-1 所示。

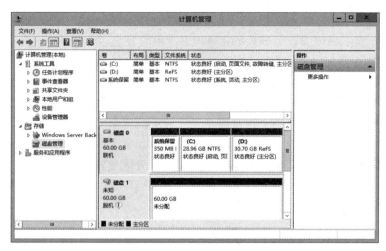

图 4-1　计算机管理单元

单击左侧窗格中的"磁盘管理"，中间窗格可以显示出本机所有的永久存储设备和移动存储设备列表。

4.1.1　磁盘分区形式

磁盘的分区形式分为 MBR 分区和 GPT 分区。在图 4-1 所示界面的中间窗格中，右击底部的磁盘名，例如磁盘 0、磁盘 1 等，在弹出的快捷菜单中选择"属性"，可以看到当前磁盘的分区形式。如图 4-2 所示，当前磁盘的分区形式为 MBR 分区。

图 4-2　磁盘 0 属性

MBR 分区是比较传统的分区形式。MBR 全称 Main Boot Record，即主引导记录，指 0 磁道 0 柱面 1 扇区的位置，总共 512 B，引导代码占 440 B，磁盘签名占 4 B，分区表占 64 B，结束标志占最后的 2 B，固定值为 55 AA。由于 MBR 存储空间限制，导致采用 MBR 分区形式的磁盘最多只能分 4 个区。为了突破 4 个分区的限制，可以把其中一个区作为扩展分区，在扩展分区中还可以分出若干逻辑分区。MBR 分区表的存储位置决定了系统需要频繁读写 MBR 区域，导致这个区域中的数据更容易出现损坏，这给整个磁盘带来了比较大的安全隐患。

GPT 分区属于比较新的分区形式。GPT 全称 GUID Partition Table，即全局唯一标识磁盘分区表。支持高达 128 个分区及单个分区 256 TB 的容量上限。GPT 分区通常和 UEFI（统一可扩展固件接口）配合使用。作为 BIOS（基本输入输出系统）的替代方案，UEFI 用来定义操作系统和系统固件之间的软件接口，提供加电自检和联系操作系统的功能。

新磁盘的加入系统步骤如下：

①联机。出于安全考虑，对于新加入的存储设备，Windows Server 2012 R2 会默认为不联机状态。如果需要使用这个存储设备，需要先联机。在图 4-1 中，右击"磁盘 1"，在弹出的快捷菜单中选择"联机"。

②初始化磁盘。只能初始化尚未格式化的磁盘，初始化会擦除硬盘所有内容。初始化方法是在图 4-1 所示对话框中，右击未初始化的磁盘，例如磁盘 1，在弹出的快捷菜单中选择"初始化磁盘"，弹出图 4-3 所示的"初始化磁盘"对话框。

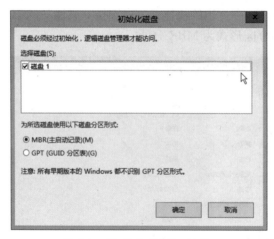

图 4-3 "初始化磁盘"对话框

初始化时会要求用户选择磁盘分区形式，MBR 或 GPT，默认为 MBR。磁盘初始化后就可以进行分区了。

4.1.2 磁盘分区操作

如图 4-4 所示，显示磁盘 1 尚未进行分区。实际上不仅未分区磁盘，只要磁盘上尚有未分区的空间，就可以继续进行磁盘分区。未分区空间会显示有"未分配"字样，并标有可用空间大小。

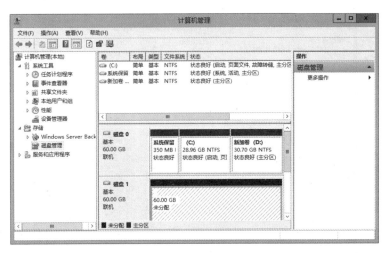

图 4-4　未分区磁盘

分区步骤如下：

1. 启动分区向导

右击未分配空间，在弹出的快捷菜单中选择"分区类型"，选择"新建简单卷"。弹出图 4-5 所示对话框，单击"下一步"按钮。

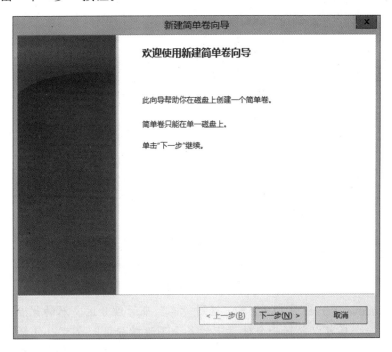

图 4-5　新建简单卷

2. 设置分区容量

如图 4-6 所示，输入分区容量，例如 5 000 MB，这里的容量必须介于界面上显示的最大值和最小值之间，单击"下一步"按钮，进入驱动器号设置，如图 4-7 所示。

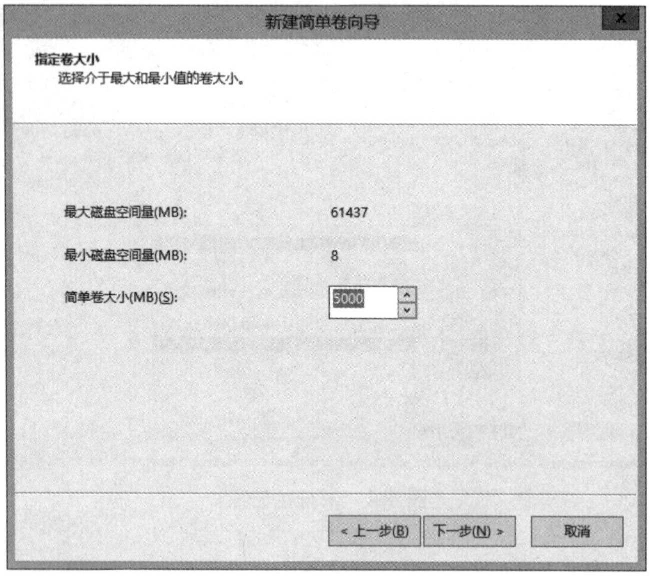

图 4-6　设置简单卷容量

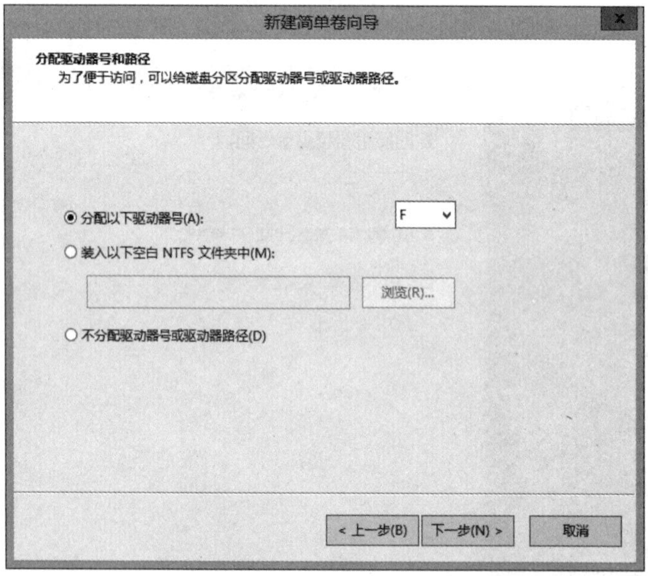

图 4-7　设置分区驱动区号（盘符）

【注意】在 Windows Server 2012 R2 里，通过"卷"来管理分区。卷的优点是可以实现对存储空间的动态管理。一个卷可以包括一个硬盘上的多个不连续分区，也可以包括多个硬盘上的多个分区，容量不足时，还可以进行动态扩展。这里的向导界面虽然显示为简单卷，但其实只是传统分区，因为该磁盘是基本磁盘，而且分配给卷的空间是磁盘中的连续空间。

3. 设置驱动器号

驱动器号即盘符。默认值为最小空闲盘符。硬盘盘符从 C 开始，因为 A、B 已经在早期预留给了软盘驱动器。虽然现在软盘驱动器已经很少见到，但是其盘符还是被保留了下来。

　　分区除了可以通过独立盘符直接访问外，还可以把分区挂载到其他分区的某一个空白目录下，通过这种方式，可以突破盘符编号不够的问题。当然，也可以暂时不分配盘符或者挂载点，到后面使用时再分配盘符或者进行挂载。

　　单击"下一步"按钮，进入格式化选项。

4. 格式化分区

　　如图 4-8 所示，进行格式化选项设置时，可以从 FAT32、NTFS、ReFS 三种文件系统中选择要格式化成的文件系统，默认 NTFS，并且执行快速格式化。还可以在这一步设置卷标，相当于分区的名字，可不唯一。单击"下一步"按钮。

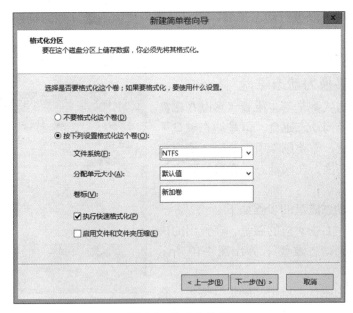

图 4-8　格式化选项

5. 完成分区

　　最后一步显示设置信息总览，直接单击"完成"按钮即可。创建完的分区可以在磁盘管理器中看到，如图 4-9 所示，分区容量显示为 4.88 GB。

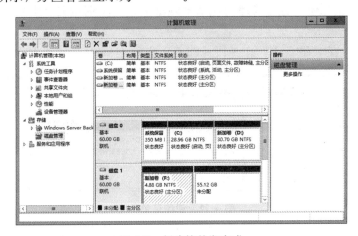

图 4-9　创建简单卷完成

4.2 基本磁盘和动态磁盘

Windows Server 2012 R2 有两种分区使用方法：基本磁盘和动态磁盘。

基本磁盘是传统的磁盘使用方式，有盘符数限制（C~Z），分区必须是同一硬盘的连续区域，不能跨硬盘分区，而且无法更改分区容量大小。

动态磁盘由基本磁盘升级得来，突破了基本磁盘的分区数限制和空间扩展不便的弊端。在动态磁盘上，一个驱动器号（盘符）对应一个卷，一个卷由分布在同一磁盘或不同磁盘的多个不连续空间组成。卷的空间可以进行动态扩展，还可以实现类似磁盘阵列的特性，用以加快读写速度或增加数据安全性。

动态磁盘的卷有 5 种：简单卷、跨区卷、带区卷、镜像卷和 RAID-5 卷。

4.2.1 基本磁盘转换为动态磁盘

默认磁盘的使用方式都是基本磁盘，可以在磁盘管理器中直接无损转换为动态磁盘。但是动态磁盘不能轻易转换为基本磁盘，需要删除所有分区、清空磁盘所有数据才能进行转换。在向动态磁盘转换时必须清楚以上事项。

基本磁盘转换为动态磁盘的步骤如下：

① 在磁盘管理器中右击对应的磁盘，在弹出的快捷菜单中选择"转换到动态磁盘"，弹出图 4-10 所示对话框。

② 勾选需要转换的磁盘，单击"确定"按钮，然后单击"转换"按钮。

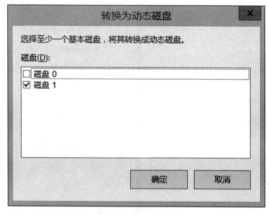

图 4-10 "转换为动态磁盘"对话框

4.2.2 简单卷

组成简单卷的分区都位于同一磁盘上，但是可以是多个不连续分区，这和传统的分区管理的空间必须是连续空间有所区别。

简单卷的创建方法和使用磁盘管理器在基本磁盘上分区区别不大，步骤上唯一的区别在于容量选择。

如图 4-11 所示，在"磁盘 1"第一段 4.88 GB 空闲空间中，如果是基本磁盘创建传统分区，最大可用空间是 4.88 GB，但是如果是动态磁盘创建简单卷，则可以选择的最大空间大约是 4.88 GB+54.14 GB。设置简单卷容量对话框如图 4-12 所示。

图 4-11 创建简单卷

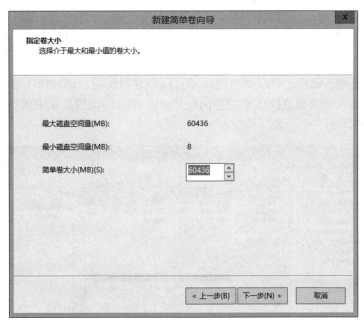

图 4-12　设置简单卷容量

在当前磁盘上如果还有剩余空间，并且该简单卷未格式化或者格式化为 NTFS 或 ReFS，可以对卷进行扩展。

扩展方法是右击简单卷，在弹出的快捷菜单中选择"扩展卷"。如图 4-13 所示，在扩展卷向导中输入需要扩展的容量（单位 MB）。扩展容量不能大于最大可用空间，选择扩展容量后，向导界面会显示扩展后的总大小。

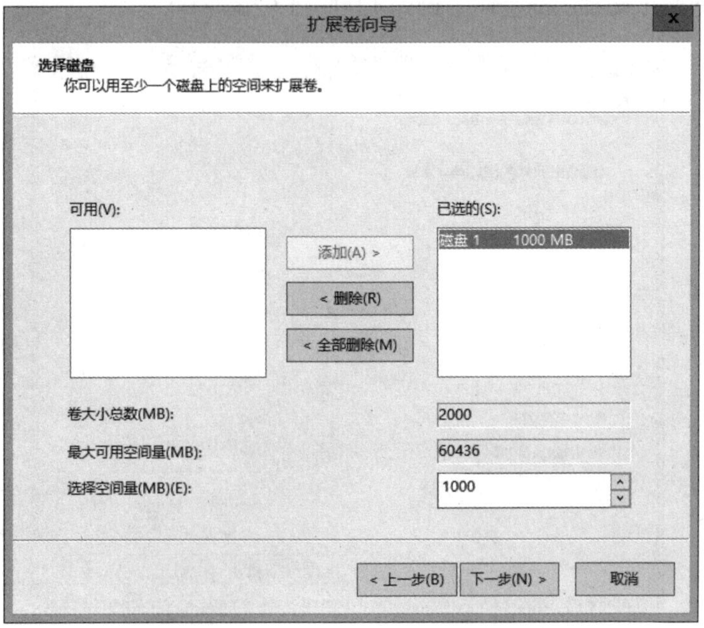

图 4-13　选择扩展容量

4.2.3 跨区卷

把简单卷的空间扩展到其他磁盘，简单卷就成为跨区卷。跨区卷空间延伸到多个磁盘的唯一作用是扩展卷的容量，不会增加数据健壮性。

只有两个或以上动态磁盘上存在剩余空间才可以创建跨区卷。创建跨区卷的方法如下：

①如图4-14，右击需要建立跨区卷的空闲空间，在弹出的快捷菜单中选择"新建跨区卷"，在弹出的向导对话框中单击"下一步"按钮。

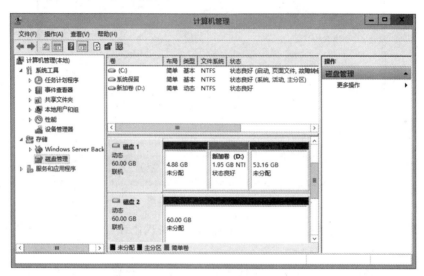

图 4-14　磁盘管理

②如图4-15所示，通过"添加"按钮，把"可用"区域的磁盘1和磁盘2添加到"已选的"区域，并且分别设置占用的两个磁盘上的空间，例如1 000 MB和2 000 MB。

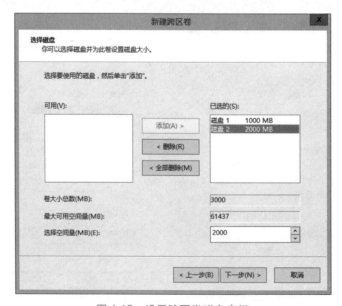

图 4-15　设置跨区卷磁盘空间

【注意】

①如果只有一个磁盘或只有一个磁盘上有剩余空间,则除了"新建简单卷",包括"新建跨区卷"在内的另外 4 种卷菜单项都是不可用的。

②扩展跨区卷容量的方法和扩展简单卷一样,唯一不同的是可以选择其他磁盘的剩余空间。另外如果扩展简单卷时选择了其他磁盘可用空间,则简单卷会自动转换为跨区卷。

③组成跨区卷的任何一段分区出现损坏,整个跨区卷的数据会全部丢失。

4.2.4　带区卷

带区卷相当于软件实现的高性能 RAID-0 阵列,用于大幅度提高卷的读写速度,其原理类似于磁盘的并行操作。带区卷必须建立在 2 个或以上磁盘上,并且在各个磁盘上占用的空间必须相同。带区卷的总容量等于占用的各个磁盘的空间之和。例如,在 2 个磁盘上各选择 1 000 MB 空间建立了一个带区卷,带区卷的总容量为 2 000 MB。

带区卷的创建方法为:

①右击磁盘的剩余空间,在弹出的快捷菜单中选择"新建带区卷"。

②在图 4-16 所示的对话框中设置占用的磁盘空间。这里只需要选择其中一块磁盘进行占用空间的设置,其他磁盘的空间占用会自动和该磁盘保持一致。带区卷的空间不能扩展。

图 4-16　设置带区卷磁盘空间

【注意】

①理论上,组成带区卷的磁盘数目就是该带区卷读写性能提高的倍数。

②组成带区卷的任何一个分区出现损坏,整个带区卷的数据会全部丢失。

4.2.5　镜像卷

镜像卷相当于软件实现的 RAID-1 阵列,支持数据冗余,可以大幅度提高数据的安全性。建立镜像卷需要 2 个动态磁盘。镜像卷的存储容量等于组成镜像卷的任何一个磁盘上占用的存储容量。

例如，2个磁盘各占用1 000 MB，创建的镜像卷容量是1 000 MB。

镜像卷的创建方法为：

①右击磁盘的剩余空间，在弹出的快捷菜单中选择"新建镜像卷"。

②在图4-17所示的界面设置占用的磁盘空间。这里只需要选择其中一块磁盘进行占用空间的设置，另一磁盘的空间占用会自动和该磁盘保持一致。

镜像卷的空间不能扩展。

【注意】

①镜像卷只能建立在2个磁盘上。

②镜像卷支持数据冗余，具有容错性，组成镜像卷的任何一个分区损坏，存储的数据不会丢失，但是会失去容错性。

③镜像卷不会提高数据的读写性能。

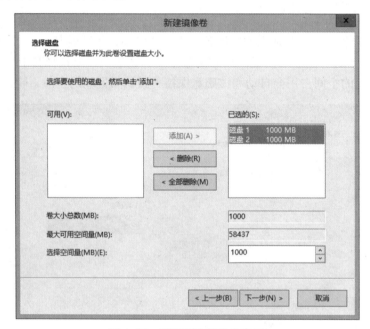

图4-17　设置镜像卷磁盘空间

4.2.6　RAID-5卷

RAID-5卷相当于软件RAID-5阵列。RAID-5卷最少需要3块动态磁盘，最多支持32个动态磁盘。RAID-5卷支持有限的冗余，当组成RAID-5卷的一个分区损坏后，不会导致整个RAID-5卷数据丢失，只是会失去容错性。但是如果损坏2个或以上磁盘的分区，RAID-5卷数据就会被破坏。RAID-5卷除了有限容错性，还可以一定幅度上提高数据读写性能，是RAID-0和RAID-1卷的折中方案。

由N块磁盘组成的RAID-5卷，假如每块磁盘占用空间为M，则RAID-5卷的空间计算公式是：

$M*(N-1)$

RAID-5卷的创建过程和带区卷类似，只是在磁盘空间选择时，最少需要选择3块磁盘。

4.3　镜像卷和 RAID-5 卷管理

4.3.1　镜像卷管理

1. 中断镜像

中断镜像操作会使得组成镜像卷的两个分区变成内容相同且相互独立的两个简单卷，从而失去容错性。

操作方法：在磁盘管理器中右击组成镜像卷的任何一个分区，在弹出的快捷菜单中选择"中断镜像"。

2. 删除镜像和添加镜像

删除镜像操作会删除组成镜像卷的其中一个数据备份，从而使得镜像卷失去容错性，变成一个简单卷。简单卷可以通过添加镜像操作成为具有容错性的镜像卷。

3. 删除镜像卷

删除镜像卷和删除镜像不同。删除镜像是删除镜像卷中的一个备份，而删除镜像卷会删除整个卷和卷上的数据。

4. 修复镜像卷

当组成镜像卷的其中一个分区损坏（如磁盘损坏等）后，镜像卷可以继续工作，但是将不具备容错性。如果这时另一个分区也出现损坏,卷数据将全部丢失。所以,当镜像卷一个分区损坏后，应当尽快修复镜像卷。

（1）临时故障修复

在图 4-18 所示的磁盘管理器中，右击磁盘 2，在弹出的快捷菜单中选择"脱机"，用来模拟磁盘 2 的临时故障。这时镜像卷和 RAID-5 卷会显示为"失败的重复"，表示它已不具备容错性，但还可以继续使用。其他不具备容错功能的卷，例如简单卷、跨区卷和镜像卷显示为"失败"，表示已不能使用。

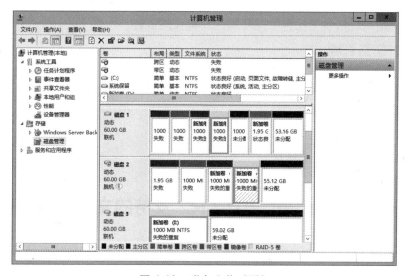

图 4-18　磁盘 2 临时脱机

对于临时故障，右击该磁盘，在弹出的快捷菜单中选择"重新激活磁盘"，如果成功则修复完成。

（2）永久故障修复

对于类似于磁盘损坏这样的永久性故障，重新激活磁盘不会成功，只能采用更换磁盘的方式。修复步骤如下：

①插入新购入的磁盘，并进行联机和初始化。

②右击损坏状态磁盘上的镜像，在弹出的快捷菜单中选择"删除镜像"，这时原来的镜像卷变为简单卷。

③右击刚刚成为简单卷的"镜像卷"，在弹出的快捷菜单中选择"添加镜像"，弹出对话框如图 4-19 所示，选择新添加的硬盘后，单击"添加镜像"按钮。

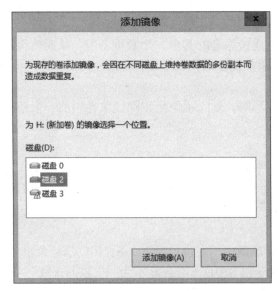

图 4-19 "添加镜像"对话框

④添加镜像后，系统后台会自动开始数据同步。同步的时间长短取决于已有数据的多少。同步的过程实际上就是系统把卷上已有数据复制到新镜像的过程。

4.3.2 RAID-5 卷管理

RAID-5 卷的修复过程和镜像卷类似。如果是磁盘临时性故障，只需要重新激活磁盘，RAID-5 卷自动完成修复。如果是永久性故障，需要添加新的磁盘，联机并激活，然后右击出现"失败的重复"状态的 RAID-5 卷，在弹出的快捷菜单中选择"修复卷"。在弹出对话框中选择新加入的磁盘，然后单击"确定"按钮。

同步结束后，RAID-5 卷完成修复。

4.4 Windows Server 2012 R2 支持的文件系统

文件系统是操作系统用于明确磁盘或分区上的文件的方法和数据结构，即在磁盘上组织文件的方法。

Windows 系统历次版本更新都会考虑到向下的兼容性,对文件系统的更新也不例外。虽然 Windows Server 2012 R2 主要使用 NTFS 文件系统,但是依然保留了对较老的 FAT 文件系统的支持。

FAT(File Allocation Table)表示文件分配表,用于记录文件在磁盘中的位置信息。FAT16 是 Windows 早期版本使用的文件系统,分区最大支持 2 GB,可以设想一个 8 GB 的 U 盘如果用这个文件系统,需要分 4 个区,显然,这是一个过时的文件系统。

FAT32 是 FAT16 的增强版,使用 32 位二进制数管理磁盘文件,单个分区容量最大支持 2 TB,但是单个文件最大仅支持 4 GB。如果使用这种文件系统尝试存放一个超过 4 GB 的大文件会发现无法存储,尽管磁盘剩余空间明明足够。

exFAT 即扩展 FAT,这是微软专门为移动设备开发的文件系统。虽然 NTFS 文件系统可以轻松解决 FAT32 单文件最大 4 GB 的限制问题,但是并不太适合低速的移动存储设备。exFAT 最大的优点就是能突破单文件最大 4 GB 的限制,单文件最大支持 16 EB,分区最大容量 128 PB。除此以外,还专门针对移动存储介质作了性能优化。对于 U 盘或存储卡,exFAT 文件系统是比较好的选择。

NTFS 全称 New Technology File System(新技术文件系统),是 Windows NT 内核操作系统使用的文件系统。它和 Linux 的 XFS 一样都属于日志文件系统,数据在系统故障后不容易丢失。NTFS 拥有更小的簇,可以提高磁盘空间的利用率,并且拥有自我修复功能,支持高达 256 TB 的分区容量、255 个字符的长文件名。更重要的是,NTFS 文件系统还支持权限、配额、压缩、加密等高级特性。

ReFS 全称 Resilient File System(弹性文件系统),是 Windows Server 2012 R2 后引入的新文件系统。ReFS 与 NTFS 大部分兼容,但是不支持文件系统压缩和加密。ReFS 只能存储数据,不能用于系统盘,也不能用于移动存储介质。ReFS 进一步提高了存储稳定性,可以自动校验数据是否损坏,并尝试自动恢复。ReFS 设计用于存储 PB 级海量数据而不影响性能。

几种文件系统的特点如表 4-1 所示。

表 4-1　4 种文件系统对比

文件系统格式	FAT32	NTFS	exFAT	ReFS
操作系统	Windows 95 之后	Windows 2000 后	Windows Vista SP1/Windows 7 之后	Windows Server 2012 之后
最小簇	512 B	512 B	512 B	4 KB
最大簇	64 KB	64 KB	32 MB	64 KB
目录容纳文件数	65535（2^{16}）	2^{32}	2796202	2^{64}
最大单个文件	4 GB	256 TB	16 EB	35 PB
最大容量	2 TB	2 TB~256 TB（取决于分区样式）	理论 8 ZB（目前支持到 128 PB）	35 PB
文件数限制	4194304	无	大于 1 000	无

【说明】存储容量单位 1 TB=1 024 GB,1 PB=1 024 TB,1 EB=1 024 PB,1 ZB=1 024 EB,1 YB= 1 024 ZB。在最新版本的 Windows 中 NTFS 最大容量已扩至 8 PB。

••视频

文件和目录
权限

4.5 文件和目录权限

早期的 FAT 系列文件系统不支持文件权限，只有 NTFS 和 ReFS 支持权限。

4.5.1 NTFS/ReFS 权限的类型

NTFS/ReFS 的文件权限类型如表 4-2 所示。

表 4-2 NTFS 文件权限类型

权　限	说　明
读取	可以查看文件内容、属性、权限
写入	可以修改文件内容，修改文件属性
读取和执行	除了具有读取的权限外，还可以执行该程序
修改	除了读取、写入、读取和执行权限外，还可以删除文件
完全控制	拥有以上所有权限，同时还可以更改权限和所有权

NTFS 的目录权限类型如表 4-3 所示。

表 4-3 NTFS 目录权限类型

权　限	说　明
读取	可以查看目录内的文件和目录的名字，查看目录属性和权限
写入	可以在目录内新建文件和目录，修改目录属性
列出目录内容	除了读取权限外，还能遍历目录（打开和关闭目录）。该权限只会被子目录继承
读取和执行	同"列出目录内容"，但该权限会被子文件和子目录同时继承
修改	除了读取、写入、读取和执行权限外，还可以删除目录
完全控制	拥有以上所有权限，同时还能更改权限和所有权

4.5.2 NTFS/ReFS 权限的特点

NTFS/ReFS 权限具有以下特点。

- 累加性。例如用户 don 同时属于 students 组和 teachers 组，则 don 用户就同时拥有了 students 组和 teachers 组权限。除了组权限外，若 don 还被另外赋予了独立的用户权限，则 don 的权限就是组权限和用户权限的累加。
- 拒绝权限优先。例如用户 don 被赋予或继承了对 dir 目录的读取、写入权限，另外，don 又被赋予了对 dir 的拒绝写入权限，则拒绝写入权限的优先级要高于允许写入权限。最终结果就是 don 对 dir 目录是只能读取。
- 继承性。新建的目录和文件都会默认继承上一级目录的权限。可以设置禁止继承父目录权限。

- 移动或复制的权限。当把文件或目录在分区（或卷）内移动或复制时保留原权限，跨分区（卷）移动或复制时，使用目标目录权限。

4.5.3　设置文件和目录的权限

只有管理员组（Administrators）成员、所有者或者具有完全控制权限的用户才能为文件和目录设置权限。默认情况下文件和目录都具备一定的默认权限，而且这个权限可以继续通过继承向下一级目录传递。

文件和目录的权限设置方法如下。

1. 查看权限

右击要修改权限的文件或目录，在弹出的快捷菜单中选择"属性"，在弹出的"属性"对话框中，单击"安全"标签。如图 4-20 所示，显示当前文件或目录的访问权限。上面窗格显示的是对该文件或目录拥有访问权限的用户和组列表。选择特定的用户或组，下面窗格会显示其拥有的权限。

2. 修改权限

如果想修改权限，单击"编辑"按钮。如图 4-21 所示，选择相应的用户，在窗口下方设置其权限。如果复选框是灰色的，说明该权限是通过继承得来的，需要先禁用权限继承才能修改这项权限。

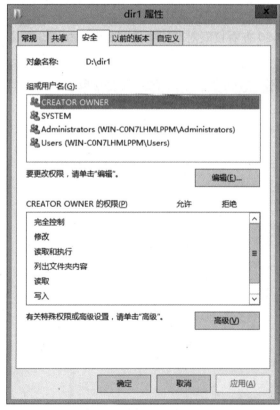

图 4-20　目录权限

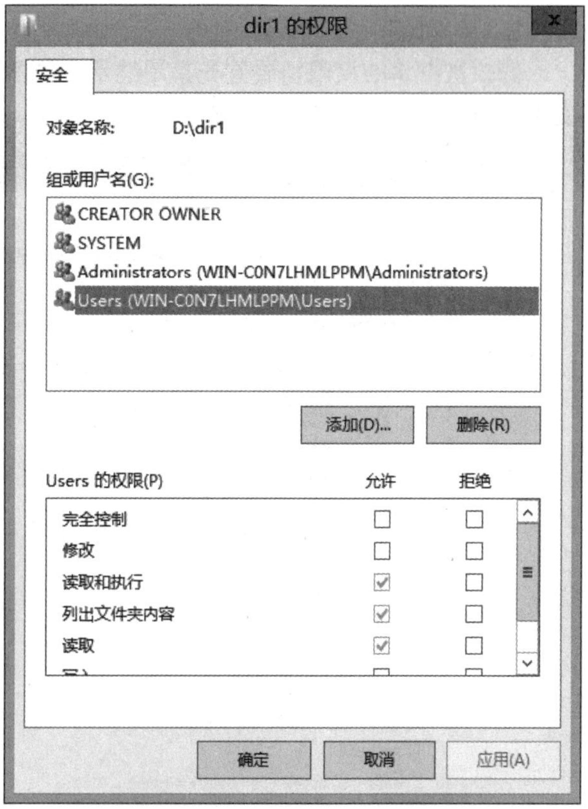

图 4-21　设置权限

　　如果想去掉该用户或组的访问权限，可以选择该用户或组，然后单击"删除"按钮。同理，如果该用户的权限是通过继承得来，则需要禁用继承才能删除该用户的访问权限。

　　如果想增加其他用户或组的访问权限，可以单击"添加"按钮，在图 4-22 所示对话框中输入用户名或组名，然后单击"确定"按钮。如果对输入的用户名或组名不确定，可以单击"高级"按钮进行查找后选择。设置新添用户或组的权限后，单击"应用"或"确定"按钮。

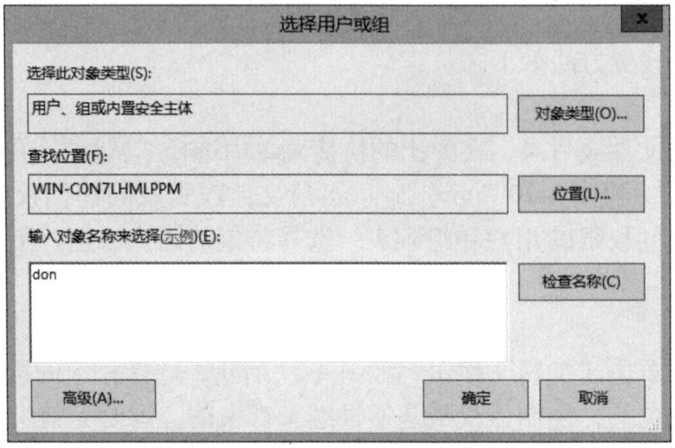

图 4-22　选择用户或组

3. 禁用继承

　　修改被继承的权限需要首先禁用继承。单击图 4-20 查看权限对话框中的"高级"按钮。弹出图 4-23 所示高级安全设置对话框。

图 4-23　高级安全设置对话框

单击左下角"禁用继承"按钮，系统会对已继承权限进行询问，用户可以选择将已继承权限转换为显式权限，也可以选择删除已继承权限。这时用户对该文件或目录的权限可以进行任意设置。

4. 有效权限

权限具有继承性、累加性等特点，导致用户对文件或目录的访问权限分为隐含权限和显式权限两种。Windows Server 2012 R2 提供了一个工具用于显示指定用户或组的实际有效权限。在图 4-23 所示高级安全设置对话框中，单击"有效访问"标签。在窗口上方选择要进行测试的用户，然后单击"查看有效访问按钮"，界面显示该用户的有效权限，如图 4-24 所示。

图 4-24　有效权限

5. 所有权

每一个文件或目录都有一个所有者，所有者拥有完全控制权限。在任何情况下，所有者都可以设置该文件或目录的访问权限，即便设置了所有者没有访问权。通过图 4-23 所示界面可以查看和修改文件和目录的所有者。

4.6　压缩文件系统

只有簇不大于 4 KB 的 NTFS 文件系统提供压缩功能，ReFS 尚不支持压缩。既可以压缩整个 NTFS 卷，也可以只压缩 NTFS 卷中的一个目录或者一个文件。

启用 NTFS 卷压缩的设置如图 4-25 所示。

图 4-25　启用卷压缩

启用一个目录或文件的压缩方法是，查看文件或文件的属性，在属性对话框的"常规"选项卡下单击"高级"按钮，弹出对话框如图 4-26 所示，选中"压缩内容以便节省磁盘空间"复选框。

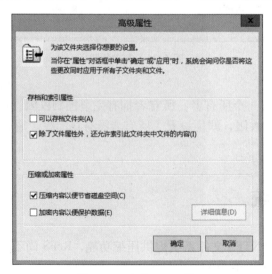

图 4-26　启用目录压缩

【注意】文件系统压缩虽然可以节约磁盘空间，但是会降低文件系统的性能。因为在对文件系统进行操作的过程中，会涉及自动压缩和解压缩的操作。

4.7　加密文件系统

只有 NTFS 文件系统支持加密文件系统，ReFS 尚不支持这个特性。

加密文件系统简称 EFS（Encrypting File System），提供文件加密功能，用于增强数据安全性。只能对 NTFS 文件系统内的文件或目录进行加密，不能对整个卷进行加密，并且启用压缩的文件或目录无法进行加密。

启用文件或目录加密的方法如下：

①启动该文件或目录的属性对话框。

②在"常规"选项卡里单击"高级"按钮。

③如图 4-27 所示，选中"加密内容以便保护数据"复选框。

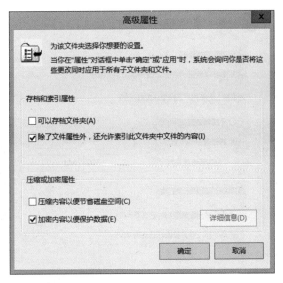

图 4-27　加密文件或目录

【注意】

● 加密后的文件或目录只有加密者和其授权用户才能访问。

● 复制或移动文件到不支持加密的文件系统内，文件会自动解密。

● 复制或移动文件或目录到加密后的目录内，被复制或移动的文件或目录会被自动加密。

4.8　磁盘配额

磁盘配额用于限制特定用户对磁盘空间的最大使用量。只有 NTFS 文件系统才支持配额，只有管理员才可以设置磁盘配额。

启用磁盘配额时可以设置两个值：磁盘配额警告级别和磁盘配额限制。例如，可以设置磁盘配额警告级别为 300 MB，设置磁盘配额限制为 400 MB。当达到警告级别时，系统将对该系统事件进行记录。

4.8.1　启用磁盘配额

启用配额的方法如下：

①打开卷属性对话框。

②单击"配额"标签。

③如图 4-28 所示，选中"启用配额管理"复选框，启用配额功能。选中"拒绝将磁盘空间给超过配额限制的用户"复选框，对用户使用磁盘的空间进行限制。选中"将磁盘空间限制为"单选按钮，并设置警告等级和配额限制值，为磁盘上新用户设置默认配额限制。

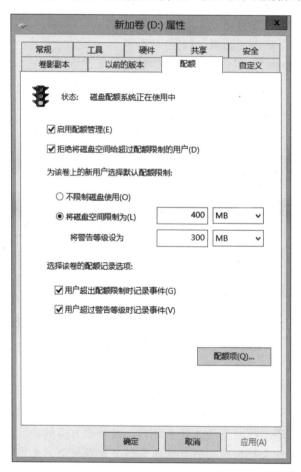

图 4-28　启用磁盘配额

4.8.2　管理磁盘配额

单击图 4-28 所示对话框的"配额项"按钮，弹出图 4-29 所示配额项窗口。

在配额项窗口中列出了当前卷的配额信息，例如有哪些用户、警告等级、配额限制及使用量。双击其中一条配额项，可以修改该配额项。

如果不对某用户进行配额设置，则该用户开始使用该卷时使用默认配额选项。新建配额项的方法如下：

①依次选择"配额"→"新建配额项"菜单项。

②在弹出的用户选择对话框中选择一个用户，例如 don，单击"确定"按钮。

③在弹出的"添加新配额项"对话框中输入配额限制和警告级别，单击"确定"按钮，完成配额项添加。

图 4-29　配额项窗口

本章小结

本章主要介绍了以下内容：

1. 磁盘的分区形式和分区操作。

2. 基本磁盘和动态磁盘的转换、动态磁盘管理。

3. 镜像卷和 RAID-5 卷故障修复。

4. Windows Server 2012 R2 支持的文件系统介绍。

5. NTFS/ReFS 文件系统权限的类型、特点和权限设置方法。

6. 文件系统的压缩、加密和配额管理。

课后练习

一、选择题

1. 下列关于磁盘分区形式的说法错误的是（　　　）。

    A. GPT 磁盘分区形式最多支持 128 个分区

    B. GPT 磁盘分区形式单分区最大容量为 2 EB

    C. MBR 磁盘分区形式最多只能有 4 个主分区

    D. MBR 磁盘分区形式的单分区容量上限是 2 TB

2. 具有容错功能的卷类型是（　　　）。

    A. 简单卷　　　　　B. 跨区卷　　　　　　C. 带区卷　　　　　　D. 镜像卷

3. 可以提高磁盘读写性能的卷是（　　　）。

    A. 简单卷　　　　　B. 跨区卷　　　　　　C. 带区卷　　　　　　D. 镜像卷

4. RAID-5 卷最少需要（　　　）块磁盘。

    A. 1　　　　　　　B. 2　　　　　　　　C. 3　　　　　　　　D. 4

5. NTFS 文件系统和 ReFS 文件系统都支持的特性是（　　　）。

    A. 访问权限　　　B. 压缩文件系统　　　C. 加密　　　　　　　D. 磁盘配额

6. 目录独有的访问权限是（　　　）。

    A. 读取　　　　　B. 文件夹浏览　　　　C. 写入　　　　　　　D. 修改

二、思考题

1. MBR 分区形式和 GPT 分区形式有哪些区别？

2. 试分析简单卷、跨区卷、带区卷、镜像卷和 RAID-5 卷各有什么特点。

3. NTFS 文件系统和 ReFS 文件系统有什么区别？

4. 如何设置 NTFS 文件系统的权限？

实验指导

【实验目的】

掌握 Windows Server 2012 R2 的磁盘和文件系统管理的方法。

【实验环境】

一台安装了 Windows Server 2012 R2 操作系统的虚拟机。

【实验内容】

1. 启动 Windows Server 2012 R2 虚拟机，加入一块新的 80 GB 磁盘。

2. 联机并初始化该磁盘（磁盘 1）。

3. 在磁盘 1 上新建一个简单卷。

4. 添加另外两块 80 GB 的磁盘（磁盘 2 和磁盘 3），并进行联机和初始化。

5. 在磁盘 1 和磁盘 2 上新建一个有效空间 2 000 MB 的带区卷和一个有效空间 3 000 MB 的镜像卷。

6. 新建一个 4 000 MB 的 RAID-5 卷。

7. 在虚拟机里删除磁盘 1，模拟磁盘 1 故障，进行镜像卷和 RAID-5 卷修复。

8. 在 D 盘下新建一个 dir1 目录，设置该目录的权限：

（1）user01 可读可写可浏览。

（2）user02 用户可读可浏览。

（3）其他用户无任何权限。

9. 修改 D:\dir1 的所有者为 user01。

10. 开启 D 盘的磁盘配额，设置默认磁盘配额 500 MB，警告级别 400 MB。

第 5 章

Windows Server 2012 R2 DHCP 服务器配置与管理

导学

对于较小规模的计算机网络，手动配置每台电脑的 IP 地址不是一项困难的工作。但是对于像园区网这样动辄几百台上千台计算机规模的计算机网络而言，手动配置 IP 地址将极大的增加网络管理员的工作负担。对于 IP 地址配置，有没有更加简便易行适合大规模部署的方法呢？

学习本章前，请思考：什么是 DHCP？如何在 Windows Server 2012 R2 系统上配置和管理 DHCP 服务器？

学习目标

1. 理解 DHCP 的基本概念和工作原理。
2. 掌握 DHCP 服务器角色的安装和启动方法。
3. 熟练掌握作用域的配置方法。
4. 掌握 DHCP 服务器管理方法。
5. 掌握 DHCP 客户端的配置和测试方法。
6. 理解超级作用域的概念，掌握超级作用域的创建方法。

5.1 DHCP 概述

视频

DHCP概述

在典型的 TCP/IP 网络上，每台计算机必须拥有独一无二的 IP 地址才能够进行网络通信。IP 地址的配置方式有两种：静态配置和动态配置。

DHCP 即 Dynamic Host Configuration Protocol（动态主机配置协议），用于向局域网中其他计算机动态分配 IP 地址、子网掩码、默认网关等网络参数。

DHCP 服务降低了网络管理的复杂度，避免了手动静态指定 IP 地址可能引起的地址冲突问题。

5.1.1　DHCP 工作过程

DHCP 的工作过程如图 5-1 所示。

① DHCP Discover：IP 租约发现。DHCP 客户端通过广播方式发送 DHCP 发现请求，用来查找 DHCP 服务器。

② DHCP Offer：IP 租约提供。收到 DHCP 客户端发现请求的 DHCP 服务器，从 IP 地址池中随机选择一个 IP 地址，以单播方式提供给 DHCP 客户端。如果网络中同时存在多台 DHCP 服务器，DHCP 客户端会先后收到多个 IP 地址。

③ DHCP Request：IP 租约选择。DHCP 客户端以广播方式向 DHCP 服务器发送 IP 地址使用请求。如果收到多个 Offer，DHCP 客户端会选择第一个收到的 DHCP Offer 中的 IP 地址。采用广播方式发送

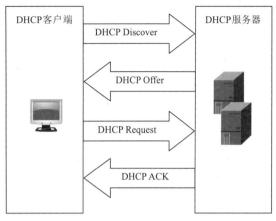

图 5-1　DHCP 工作过程

DHCP 请求的原因是一方面告诉被选择的 DHCP 服务器，另一方面还要告诉未被选择的 DHCP 服务器，使它们释放 DHCP Offer 中准备好的 IP 地址。

④ DHCP ACK：IP 租约确认。收到 IP 地址使用请求的 DHCP 服务器以单播方式向 DHCP 客户端进行确认。

4 个步骤结束后，DHCP 客户端就开始使用获得的 IP 地址及其他网络参数。这个 IP 地址是从 DHCP 服务器租借过来的，使用是有期限的，这个使用期限被称为租约。当租约到期后 DHCP 客户端必须释放该 IP 地址。但是通常在租约到期前，DHCP 客户端会自动续租。

5.1.2　IP 地址续租

当 DHCP 客户端重启或者租约过半时会主动向 DHCP 服务器发送续租申请。如果续租成功，DHCP 客户端可以得到一个全新的租约。如果续租失败，DHCP 客户端在租约到期前还可以继续使用该 IP 地址。当租约达到 7/8 时，客户端再次发送续租申请，如果续租成功则获得全新租约，如果续租失败，待租约到期后客户端必须放弃该 IP 地址。

IP 地址续租过程如图 5-2 所示。续租过程一般使用单播方式而非广播方式。

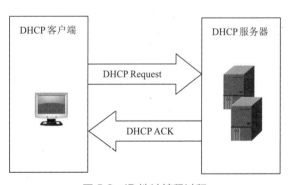

图 5-2　IP 地址续租过程

5.2　DHCP 服务器安装

作为 DHCP 服务器的计算机，其 IP 地址不能自动获取，只能使用固定 IP 地址。

安装 DHCP 服务器需要使用 Windows Server 2012 R2 服务器管理器，过程如下：

①启动服务器管理器，在仪表板窗口单击窗口右侧的"添加角色和功能"，启动"添加角色和

功能向导"。

②多次单击"下一步"按钮，直到出现"选择服务器角色"窗口。如图 5-3 所示，选中"DHCP服务器"复选框。

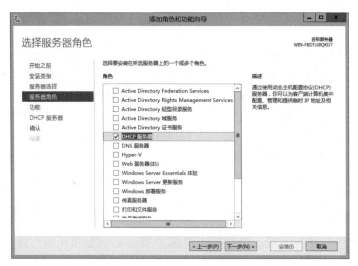

图 5-3　添加 DHCP 服务器角色

③以默认选项完成安装向导。

5.3　DHCP 服务器配置

5.3.1　新建作用域

作用域是 DHCP 服务器的基本管理单位，是一个 IP 地址范围。一个作用域对应一个 IP 子网。

作用域的创建步骤如下：

①依次单击"开始"→"管理工具"菜单项，在弹出的"管理工具"窗口中，双击"DHCP"启动 DHCP 控制台，如图 5-4 所示。

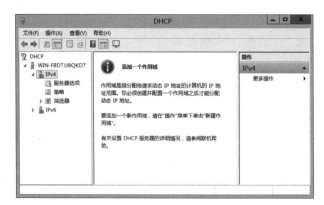

图 5-4　DHCP 控制台

②右击左侧窗格的"IPv4"节点,在弹出的快捷菜单中选择"新建作用域",启动新建作用域向导。

③单击"下一步"按钮,设置作用域名称和描述信息。

④单击"下一步"按钮,设置 IP 地址范围和子网掩码,如图 5-5 所示。

图 5-5　设置 IP 地址范围和子网掩码

⑤添加排除。排除的 IP 地址或 IP 地址段不向 DHCP 客户端分配。设置完排除后,单击"下一步"按钮,如图 5-6 所示。

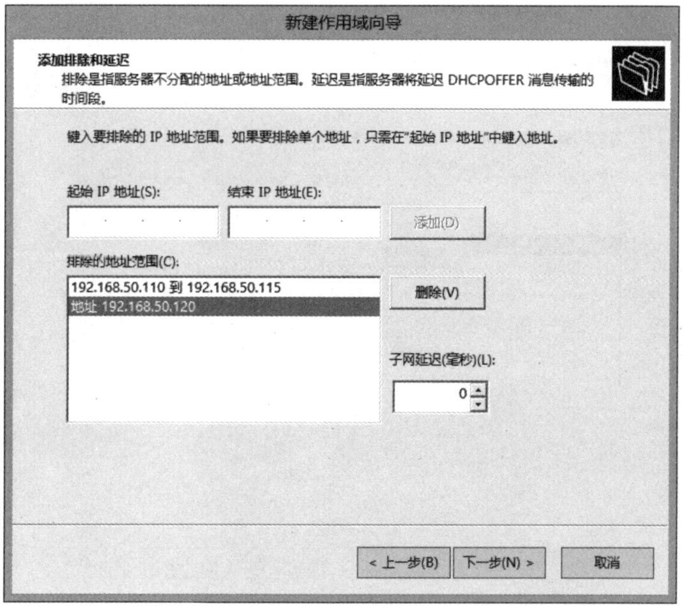

图 5-6　添加排除

⑥设置租用期限。租用期限就是租约，是 DHCP 客户端可以使用 IP 地址的期限。租用期限设置界面如图 5-7 所示。

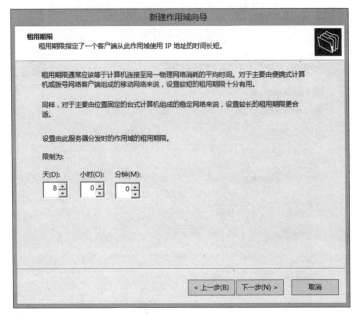

图 5-7　租用期限设置

⑦单击"下一步"按钮，开始配置作用域选项。

⑧如图 5-8 所示，配置"默认网关"。这里配置分配给客户端的默认网关地址，配置完后单击"下一步"按钮。

图 5-8　设置默认网关

⑨配置域名和 DNS 地址。如图 5-9 所示界面用于配置分配给客户端的 DNS 地址。"父域"用于为客户端解析不完整域名所属的域。例如，配置父域为 cdpc.edu.cn，则名称为 jsj 的 DHCP 客户端的完全合格域名（Fully Qualified Domain Name，FQDN）为 jsj.cdpc.edu.cn。

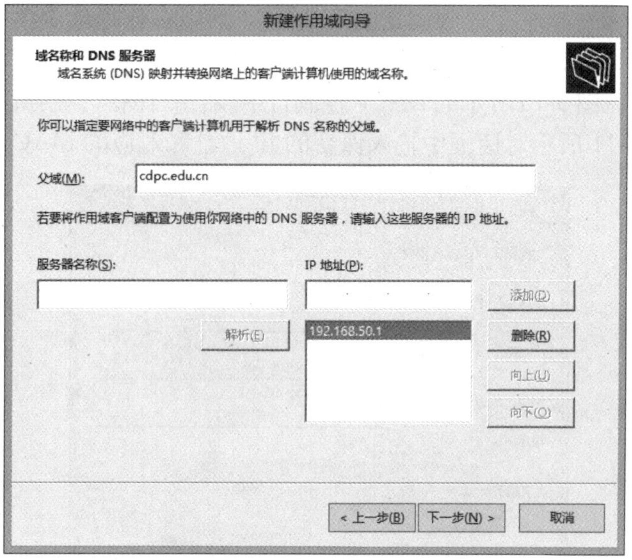

图 5-9　配置域名和 DNS 地址

⑩单击"下一步"按钮后，配置 WINS 服务器地址。WINS 是 Windows 网络名称服务的缩写。

⑪按默认参数完成向导，并选择激活该作用域。只有激活的作用域才能向 DHCP 客户端提供 IP 地址等网络参数。

【说明】如果 DHCP 是域中的成员服务器，对服务器进行授权后，DHCP 服务器才可以提供服务。

5.3.2　激活和停用作用域

作用域激活后可以向 DHCP 客户端提供 IP 地址。如果想暂停该作用域的 IP 地址分配，可以停用作用域。

如果作用域处于停用状态，如图 5-10 所示，可以右击"作用域"节点，在弹出的快捷菜单中选择"激活"，进行作用域激活。

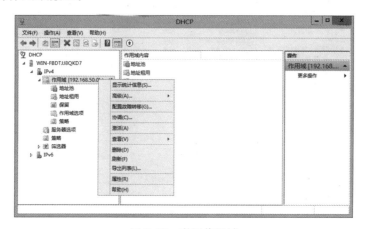

图 5-10　激活作用域

作用域激活后，右击"作用域"节点，在弹出的快捷菜单中会出现"停用"，选择该菜单项，可以停用作用域。

5.3.3 配置保留地址

如果想让某些特殊客户端总是得到固定的 IP 地址，可以在作用域中添加保留项。一个保留项就是一个 IP 地址和一个 MAC 地址的对应关系。

新建保留的方法是在图 5-10 所示的 DHCP 控制台中，右击"保留"，在弹出的快捷菜单中选择"新建保留"，在弹出的图 5-11 所示对话框中输入保留的 IP 地址和对应的 MAC 地址。

图 5-11 "新建保留"对话框

5.3.4 配置作用域选项

作用域选项包括默认网关、DNS 地址、WINS 地址等参数。如图 5-12 所示，显示当前作用域的选项配置情况。

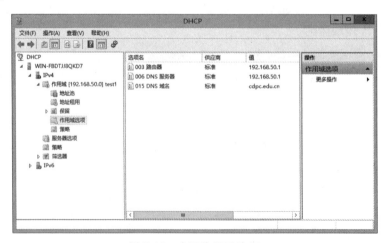

图 5-12 查看作用域选项

双击选项名可以修改对应的选项。添加选项方法：

右击"作用域选项"，在弹出的快捷菜单中选择"配置选项"，在图 5-13 所示作用域选项界面勾选对应的可用选项，然后在"数据项"中配置选项参数。

图 5-13　作用域选项

在 DHCP 服务器上，选项可以配置在保留、作用域或服务器上。按选项效果优先级从高到低排序为保留选项、作用域选项、服务器选项。

5.3.5　查看租约

单击图 5-12 所示窗口左侧的"地址租用"节点，可以查看和删除已有租约信息，如图 5-14 所示。

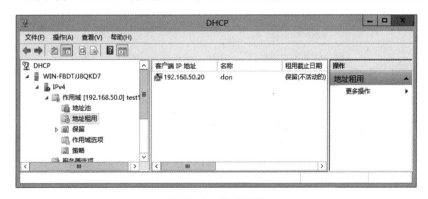

图 5-14　地址租用

5.3.6　显示统计信息

右击图 5-12 中的"作用域"节点，在弹出的快捷菜单中选择"显示统计信息"，弹出图 5-15 所示作用域统计对话框，可以显示 IP 地址租用统计信息。

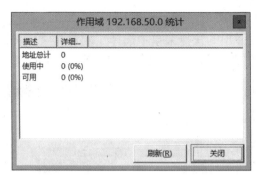

图 5-15　作用域统计对话框

5.4　DHCP 服务器管理

5.4.1　设置冲突检测

冲突检测是 DHCP 服务器提供的一项功能，用于在 DHCP 服务器分配 IP 地址时用 ping 程序检测该 IP 地址是否已经被占用。如果经过检测 IP 地址已经被占用，该 IP 将不会分配给客户端。

启用冲突检测方法：

右击图 5-14 中的"IPv4"选项，在弹出的快捷菜单中选择"属性"，弹出的属性对话框中，单击"高级"标签，如图 5-16 所示。在"冲突检测次数"后输入 ping 检测次数。默认值为 0，代表不进行冲突检测。ping 检测次数不建议大于 2。

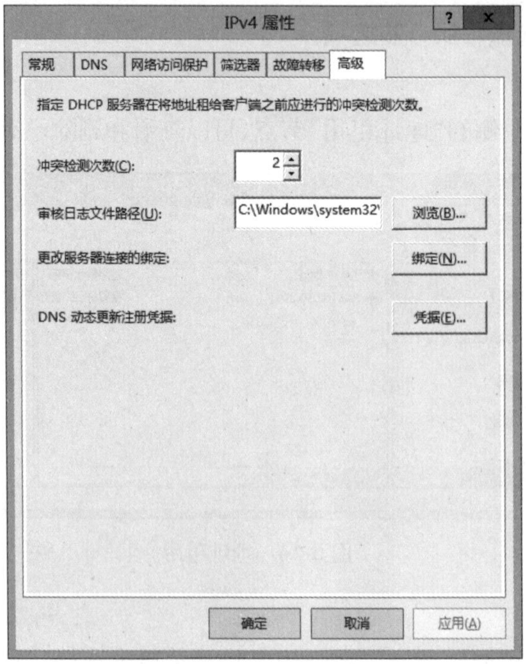

图 5-16　启用冲突检测

5.4.2　设置筛选器

筛选器用于允许或禁止某些 MAC 地址的客户端使用 DHCP 服务。如图 5-17 所示，筛选器默认处于禁用状态。

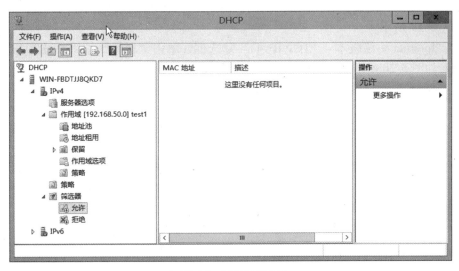

图 5-17　DHCP 控制台

右击左侧筛选器里的"允许"或"拒绝"节点，在弹出的快捷菜单中选择"启用"，可以启用筛选器的白名单或黑名单功能。启用相应筛选器后，只有符合条件的 DHCP 客户端才允许访问 DHCP 服务器。

右击"允许"或"拒绝"节点，在弹出的快捷菜单中选择"新建筛选器"，弹出对话框用于添加允许或拒绝访问 DHCP 服务的客户端 MAC 地址，如图 5-18 所示。

图 5-18　"新建筛选器"对话框

5.5　DHCP 客户端配置和测试

5.5.1　DHCP 客户端配置

DHCP 客户端配置时需要把客户端和 DHCP 服务器置于同一个 IP 网络，并设置 DHCP 客户端的 IP 地址获取方式为自动获取。

以 Windows 10 客户端为例，本地网络连接的设置方式如下：

①单击 Windows 10 的"开始"→"设置"，启动 Windows 设置窗口。

②单击"网络和 Internet"→"以太网"→"更改适配器选项"，打开"网络连接"窗口。

③右击网络连接，例如"Ethernet0"，在弹出的快捷菜单中选择"属性"，打开 Ethernet0 属性对话框，如图 5-19 所示。

④选中"Internet 协议版本 4（TCP/IPv4）"复选框，单击"属性"按钮，设置 IP 地址和 DNS 为自动获取，如图 5-20 所示。

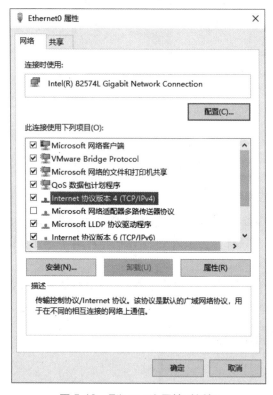

图 5-19　Ethernet0 属性对话框

图 5-20　TCP/IPv4 属性设置

5.5.2　DHCP 客户端测试

启动作 DHCP 客户端的 Windows 10 的命令提示符窗口，输入命令"ipconfig /all"，查看网络连接完整参数，查看结果如图 5-21 所示。

在测试结果里看到网络连接 MAC 地址、IP 地址、子网掩码、租约起止时间、默认网关、DHCP 服务器地址、DNS 地址等网络参数。

如果租约到期前想重新获取租约，可以依次运行"ipconfig /release""ipconfig /renew"两条命令。前者用于释放当前的 IP 地址，后者用于刷新或重新获取 IP 地址。

图 5-21　查看 Windows 10 网络连接完整参数

5.6　超级作用域

通常情况下，DHCP 服务器只能为和服务器同网段的 IP 子网提供 IP 地址。这要求 DHCP 的作用域网段必须和服务器网卡处在一个网段内。

DHCP 服务器可以创建处于不同网段的多个作用域，但是这些作用域是不能直接工作的。非本网段作用域需要放在超级作用域内才可以为外网段客户端提供 IP 地址。这种为外网段 DHCP 客户端提供 DHCP 服务的情况通常用于：

- 同一个物理局域网内包含的多个逻辑子网。
- 向位于 DHCP 和 BOOTP 中继代理服务器远端的外网段 DHCP 客户端提供 IP 地址。

一个超级作用域包含 1 到多个作用域。建立超级作用域必须首先建立超级作用域包含的作用域。建立超级作用域的步骤如下：

①新建作用域。新建两个普通作用域，例如，两个作用域地址段所属子网分别为 192.168.60.0/24 和 192.168.70.0/24。

②新建超级作用域。在图 5-17 所示 DHCP 控制台左侧，右击 IPv4 节点，在弹出的快捷菜单中选择"新建超级作用域"，在向导中选择超级作用域包含的作用域，如图 5-22 所示。可以使用鼠标圈选，或者使用 [Ctrl] 和 [Shift] 键结合鼠标进行选择。按向导提示完成超级作用域创建。

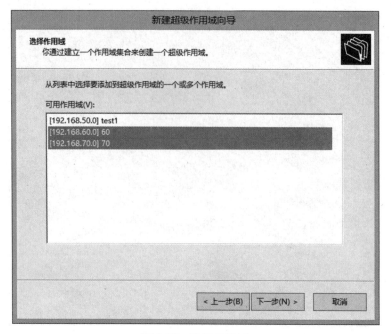

图 5-22　选择作用域

本章小结

本章主要介绍了以下内容：
1. DHCP 的概念。
2. DHCP 的工作过程和地址续租过程。
3. DHCP 服务器的安装方法。
4. DHCP 服务武器的配置方法。
5. 冲突检测和筛选器。
6. 客户端配置和测试方法。
7. 超级作用域的概念和配置方法。

课后练习

一、选择题
1. DHCP 服务器可以分配的网络参数不包括（　　　）。
    A. MAC 地址　　B. 子网掩码　　　　　C. DNS 地址　　　　D. 子网掩码
2. DHCP 客户端动态获取 IP 地址分为（　　　）步。
    A. 1　　　　　　B. 2　　　　　　　　C. 3　　　　　　　D. 4

3. 以下步骤中一般是单播帧的是（　　　）。

    A. DHCP Discovery　　　　　　　　　　B. DHCP Offer

    C. DHCP Request　　　　　　　　　　　D. 都可能是单播帧

4. 关于租约的说法错误的是（　　　）。

    A. 租约就是客户端租用 IP 地址的最长期限

    B. Windows Server 2012 R2 默认的租约是 8 天

    C. 租约到期后 DHCP 客户端必须放弃该 IP 地址，重新广播 DHCP 发现请求

    D. 租约达到 3/4 时，DHCP 客户端开始续租

5. 常用的作用域选项不包括（　　　）。

    A. IP 地址　　　　B. 默认网关　　　　　　C. WINS 地址　　　　　D. DNS 地址

6. 下列关于作用域的说法错误的是（　　　）。

    A. 超级作用域可用于向多网段 DHCP 客户端分配 IP 地址

    B. 普通作用域可直接向外网段 DHCP 客户端分配 IP 地址

    C. 超级作用域内包含 1 到多个普通作用域

    D. 超级作用域可用于响应通过 DHCP 中继代理服务器转发来的客户端 DHCP 请求

二、思考题

1. DHCP 的工作流程是什么？IP 地址的续租过程是什么？

2. 如何为局域网配置 DHCP 服务器？

3. 使用 Windows Server 2012 R2 如何配置 DHCP 中继代理服务器？

实验指导

【实验目的】

掌握 DHCP 服务器的配置和管理方法。

【实验环境】

2 台分别安装了 Windows Server 2012 R2 和 Windows 10 操作系统且可以联网的虚拟机或物理机。

【实验内容】

一、Windows Server 2012 R2 DIICP 服务器配置

1. 配置 Windows Server 2012 R2（下面简称 Server）为固定 IP 地址 192.168.100.1，子网掩码 255.255.255.0。

2. 在 Server 上添加 DHCP 服务器角色。

3. 添加 DHCP 作用域，要求如下：

（1）IP 地址区间：192.168.100.10~192.168.100.100。

（2）排除：192.168.100.20~192.168.100.30。

（3）子网掩码：255.255.255.0。

（4）默认网关：192.168.100.1。

（5）DNS 地址：192.168.100.1。

（6）租约：8 小时。

4. 添加保留。查看 Windows 10 的 MAC 地址，把这个 MAC 添加为保留，保留 IP 地址为 192.168.100.200。

5. 启用 DHCP 的冲突检测。

二、DHCP 客户端配置和测试

1. 配置 Windows 10 的 IP 地址和 DNS 为自动获取。

2. 查看 Windows 10 获取的详细网络参数。

3. 查看 Server 的租约信息和统计信息。

第6章

Windows Server 2012 R2 DNS 服务器的配置与管理

导学

互联网数据通信依赖于 TCP/IP 协议族，在 TCP/IP 中主机之间使用 IP 地址进行相互访问。但是对人们来说，抽象的 IP 地址难以记忆。域名系统建立了域名和 IP 地址的对应关系，在域名系统的帮助下，人们访问互联网主机可以使用方便易记的主机名。

学习本章前，请思考：什么是 DNS？如何创建一台虚拟机？

学习目标

1. 了解 hosts 文件的功能和结构。
2. 理解域名系统的概念、作用和结构。
3. 掌握 DNS 服务器的区域类型和资源记录类型。
4. 掌握 DNS 服务器的安装和配置方法。
5. 掌握 DNS 客户端的配置和测试方法。
6. 掌握 DNS 转发器的配置方法。

6.1 域名系统

6.1.1 hosts 文件

在引入域名系统之前为了方便对网络中计算机按名称访问，把计算机的域名和对应的 IP 地址记录到一个静态文件中——hosts 文件。现在主流的操作系统中，该文件被保留了下来，Windows 系统存放在 C:\windows\system32\drivers\etc\ 目录下。这是一个普通文本文件，可以使用任何文本编辑器编辑，例如记事本等。

视频●⋯⋯⋯⋯

域名系统概述

83

该文件的格式为：

```
IP 地址 域名或计算机名
```

例如：

```
127.0.0.1 localhost
192.168.100.1 www.abc.com
```

【说明】hosts 文件的优先级高于域名系统，所以如果在 hosts 中存在被查询的记录，系统将不会使用域名系统进行查询。

6.1.2 域名系统介绍

DNS 是 Domain Name System（域名系统）的缩写。域名系统是一个存储域名和 IP 地址映射关系的大型分布式树状结构数据库。每个节点存储互联网上的一部分域名信息。域名系统的信息被存储在数量众多且相互关联的 DNS 服务器中，每台 DNS 服务器存储域名系统里的一部分域名信息，并负责接收 DNS 客户端的查询请求，然后对域名数据库进行查询，并把查询结果反馈给 DNS 客户端。DNS 服务的默认端口号是 53。

6.1.3 域名空间

域名空间是带有域名系统中大量域名信息的大型分布式树状系统的逻辑结构。组成域名空间的每个域名都可以包括下一级域或各种资源记录，具有容器的特性，所以称为"空间"。

域名空间结构如图 6-1 所示，由上到下分为根域、顶级域、二级域、三级域、子域等。每个节点代表一个域。下级域称为上级域的子域。

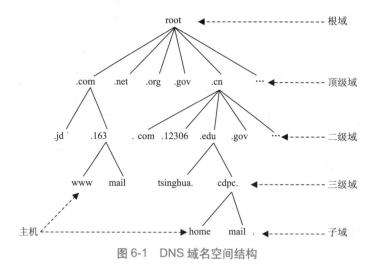

图 6-1 DNS 域名空间结构

FQDN 是 Fully Qualified Domain Name（完全规范域名）的缩写，指从根域开始的完整域名。例如，163 的 www 主机的完全规范域名是 www.163.com。

顶级域名包括三类：国家和地区级顶级域，例如 .cn、.uk、.us 等；通用顶级域名，例如 .com、.net、.org、.gov 等；新顶级域名，例如 .top、.red、.men 等。

国际域名都需要向 InterNIC（国际互联网络信息中心，Internet Network Information Center）申请。

中国国家顶级域名 .cn 由 CNNIC（中国互联网络管理中心）负责管理。

6.1.4　URL 介绍

URL 是 Uniform Resource Locator（统一资源定位符）的缩写，用于指明互联网上各类资源的位置信息。

URL 的常用格式为：

```
< 协议 >://< 用户名 >:< 密码 >@< 主机 >:< 端口 >/< 存储路径 >
```

【说明】实际使用中，URL 中的用户名、密码、端口等经常被省略掉。

【示例】列举常用 URL。

```
http://www.china.com
https://home.cdpc.edu.cn/index.html
http://www.abc.com:8000/dir1/abc.htm
ftp://stu01:123456@ftp.cdpc.edu.cn/software/vmware.tar.gz
```

6.1.5　查询模式

①根据查询的方向分类，DNS 查询分为正向查询和反向查询。正向查询指由域名查询 IP 地址，反向查询指由 IP 地址查询域名。

②根据 DNS 服务器响应 DNS 客户端查询请求的方式，DNS 查询分为递归查询和迭代查询。

* 递归查询。DNS 服务器在任何情况下都会向客户端返回资源记录信息（最终查询结果）。如果客户端请求的是该 DNS 服务器内存在的记录，DNS 服务器直接返回该记录，如果服务器内不存在该记录，服务器代替 DNS 客户端向其他 DNS 服务器进行查询，然后再把查找到的结果发回给客户端。

* 迭代查询。DNS 服务器发回给客户端的结果可能是要查询的记录或其他 DNS 服务器 IP 地址。当 DNS 服务器收到 DNS 客户端的查询请求后，如果服务器内存在该记录，则把查询结果返回给客户端，如果服务器内不存在该记录，则返回给客户端另一台 DNS 服务器的 IP 地址，指引 DNS 客户端继续向其他 DNS 服务器继续进行查询。

6.2　DNS 服务器的安装

DNS 服务器的安装步骤如下：

①启动 Windows Server 2012 R2 服务器管理器，单击"仪表板"中的"添加角色和功能"超链接，启动添加角色向导。

②多次单击"下一步"按钮，直到出现"选择服务器角色"窗口。

③如图 6-2 所示，选中"DNS 服务器"角色后，完成角色安装向导。

视频

配置DNS服务器

图 6-2　勾选 DNS 服务器角色

6.3　配置 DNS 解析区域

6.3.1　区域类型

①按照 DNS 服务器解析方向，DNS 区域分为两种：正向查找区域和反向查找区域。

- 正向查找区域：DNS 服务器内存储域名到 IP 地址对应关系的数据库。
- 反向查找区域：DNS 服务器内存储 IP 地址到域名对应关系的数据库。

②按照区域记录的来源，DNS 区域分为 3 类：

- 主要区域：存储此区域的权威记录，属于可写的区域数据文件。该 DNS 服务器为该区域数据的主要来源。
- 辅助区域：辅助区域中的数据从主区域中复制得来，属于只读区域数据文件。
- 存根区域：数据来源于主要区域，仅包含起始授权记录（SOA）、名称服务器（NS）记录和主机（A）记录。存根区域用于查找该域的权威域名服务器。

6.3.2　创建正向查找区域

①设置 Windows Server 2012 R2 的 IP 地址为固定 IP 地址。例如，设置 IP 地址为 192.168.100.10/24，DNS 设置为本机，即 192.168.100.10，方便进行 DNS 测试。

②依次单击"开始"→"管理工具"，然后双击"DNS"图表，启动 DNS 管理器控制台，如图 6-3 所示。

③右击"正向查找区域"节点，在弹出的快捷菜单中选择"新建区域"。

④如图 6-4 所示，区域类型选择"主要区域"。

⑤设置区域名称。区域名称为该区域所对应的域名，例如，cdpc.edu.cn。

⑥使用默认的区域文件和动态更新设置完成区域添加。

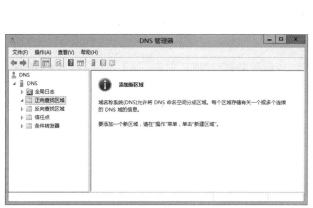

图 6-3　DNS 管理器控制台

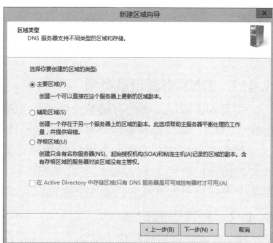

图 6-4　区域类型选择

6.3.3　创建反向查找区域

①右击图 6-3 所示 DNS 管理器窗口左侧的"反向查找区域"，在弹出的快捷菜单中选择"新建区域"，启动新建区域向导。

②区域类型选择"主要区域"和"IPv4 反向查找区域"。

③反向查找区域的名称是一个网络号，例如设置反向查找区域为 192.168.100.，如图 6-5 所示。

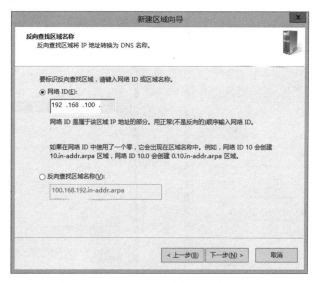

图 6-5　设置反向查找区域名称

④使用默认的区域文件和动态更新设置完成区域添加。

6.4 配置 DNS 资源记录

6.4.1 DNS 资源记录类型

主要的资源记录类型有起始授权机构（SOA）、名称服务器（NS）、主机（A）、别名（CNAME）、指针（PTR）、邮件交换记录（MX）、服务（SRV）等。

起始授权机构和名称服务器记录用来设置区域的授权属性。主机记录定义主机名到 IP 地址的映射，指针记录定义 IP 地址到主机名的映射，别名记录为特定主机名定义别名，邮件交换记录指定某个主机用于负责域内的邮件交换。

6.4.2 配置资源记录

1. 配置起始授权机构（SOA）

右击要进行设置的正向查找区域名，在弹出的快捷菜单中选择"属性"，在弹出对话框中单击"起始授权机构（SOA）"标签，如图 6-6 所示。起始授权机构记录可以用来设置区域的记录更新序列号、DNS 服务器名、区域负责人、刷新间隔、重试间隔、记录的 TTL 等授权属性。SOA 在有些文档中也称起始授权记录。

2. 配置名称服务器记录

名称服务器记录用于编辑名称服务器列表，如图 6-7 所示。

图 6-6　起始授权机构设置　　　　　　　　图 6-7　名称服务器记录

3. 添加主机记录

在图 6-3 所示窗口，右击要添加主机记录的正向解析区域，在弹出的快捷菜单中选择"新建主机"。在图 6-8 所示"新建主机"对话框中，输入主机名和对应的 IP 地址，单击"添加主机"按钮完成安装。

如果想同步添加反向解析资源记录，需要勾选窗口底部的"创建相关的指针（PTR）记录"复选框，这要求对应的反向解析区域必须存在，否则会引起错误。

4. 添加别名记录

在图 6-3 所示窗口，右击要添加别名记录的正向解析区域，在弹出的快捷菜单中选择"新建别名"。在图 6-9 所示"新建资源记录"对话框中输入别名和对应的主机完整域名，单击"确定"按钮完成别名添加。

图 6-8　"新建主机"对话框　　　　　　　图 6-9　"新建资源记录"对话框

5. 添加邮件交换记录

邮件交换记录用于在邮件服务器之间传递电子邮件时告诉对方己方域的邮件服务器地址。在图 6-3 所示窗口，右击要添加邮件交换记录的正向解析区域，在弹出的快捷菜单中选择"新建邮件交换记录"，弹出图 6-10 所示"新建资源记录"对话框，如果没有子域，直接填写邮件服务器完整主机名，例如 mail.cdpc.edu.cn。优先级为整数，数值越小优先级越高。当存在多个邮件服务器时，可以为各个邮件服务器设定不同优先级。外域邮件服务器会优先与己方域高优先级邮件服务器进行邮件交换。

【注意】邮件交换记录只指定了邮件服务器主机名，并未指定 IP 地址，所以在 DNS 正向解析区域中必须添加邮件服务器名对应的主机记录，否则依然无法实现邮件交换。

6. 添加指针记录

指针记录是反向解析区域中的资源记录，用于 IP 地址到域名的反向解析。在图 6-3 所示的 DNS 管理器中，展开反向查询区域，右击要新建指针的反向查找区域，例如"100.168.192.in-addr.arpa"，在弹出的快捷菜单中选择"新建指针（PTR）"。在图 6-11 所示对话框中输入 IP 地址及其对应的主机名后，单击"确定"按钮。

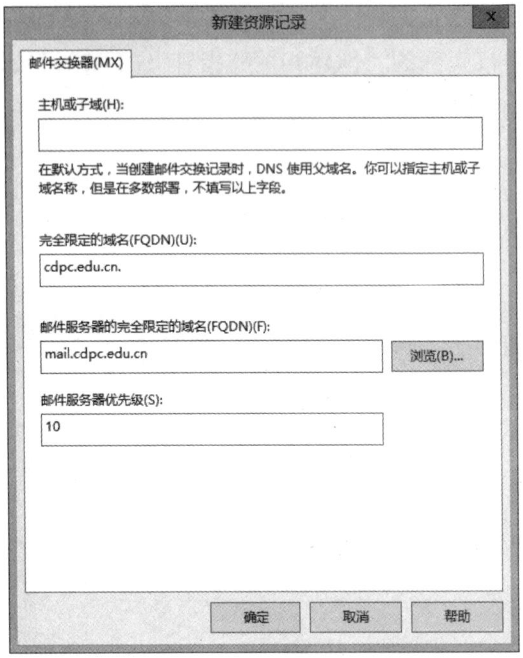

图 6-10 "新建资源记录"对话框

图 6-11 添加指针记录

6.4.3 创建直接域名解析记录

在日常使用网络时,很多用户经常只输入服务器的域名而不指定主机名,例如"http://cdpc.edu.cn",在这种情况下需要直接为域名指定一个 IP 地址,这就是直接域名解析记录。直接域名解析记录是一条特殊的主机记录。创建方法是在创建主机记录时只指定 IP 地址不指定主机名,如图 6-12 所示。

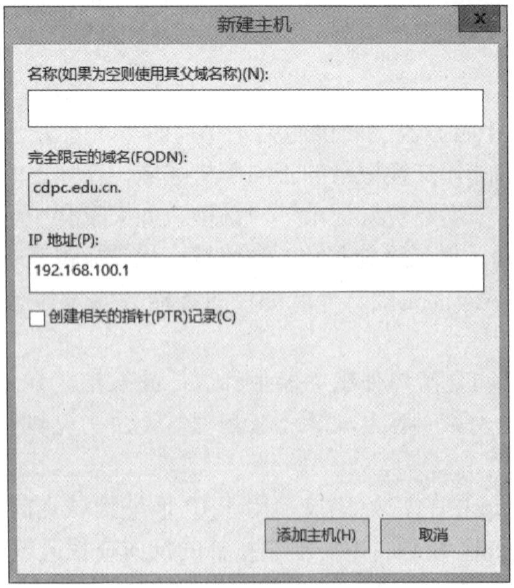

图 6-12 创建直接域名解析记录

6.4.4　创建泛域名解析记录

泛域名解析记录利用通配符"*"支持无限次级域名的解析。泛域名解析记录可以把所有没有定义过的主机名或次级域名都指向同一个 IP 地址。泛域名解析记录也是一条特殊的主机记录。

创建泛域名解析记录的方法是，在创建主机记录时主机名文本框中输入"*"，如图 6-13所示。

图 6-13　创建泛域名解析记录

6.4.5　利用 DNS 实现负载均衡

在大型网站中，为了分散服务器的负担，可以利用 DNS 服务器实现简单的负载均衡。方法是在 DNS 正向查找区域中建立多个同名的主机记录，这些主机记录分别指向不同的 IP 地址。在不同的客户端请求该域名的解析时，DNS 服务器就会采用循环的方式把同一主机名对应的不同 IP 地址发回给不同的 DNS 客户端请求，从而实现负载均衡，如图 6-14 所示。

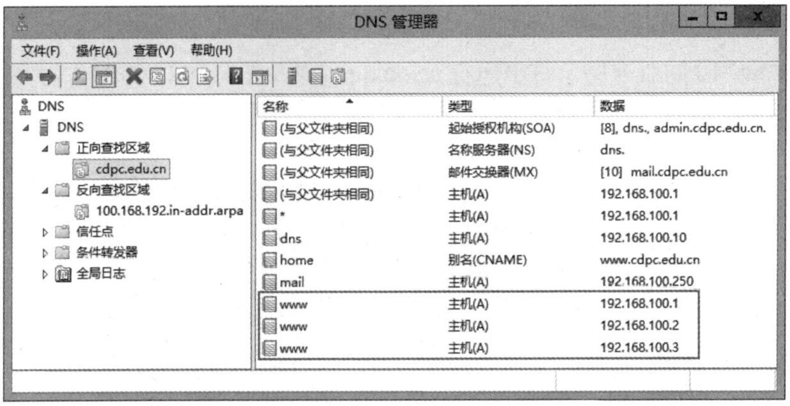

图 6-14　利用 DNS 实现负载均衡

●视频

DNS客户端配置和测试

6.5 DNS 客户端配置和测试

6.5.1 DNS 客户端配置

下面的测试案例使用 Windows 10 作为客户端。把 DNS 客户端的 DNS 地址设置为待测试的 DNS 服务器地址，例如 192.168.100.10。

6.5.2 DNS 解析测试

Windows 系统提供了一个 DNS 解析测试工具 nslookup，可以用来测试 DNS 服务器提供的各种资源记录，例如主机、别名、指针、邮件交换记录等。

1. 主机和别名解析测试

启动 Windows 10 的命令提示符窗口，运行 nslookup 命令。在交互模式下依次测试 "www.cdpc.edu.cn" "home.cdpc.edu.cn" "mail.cdpc.edu.cn" 等查询结果。测试结果如图 6-15 所示。

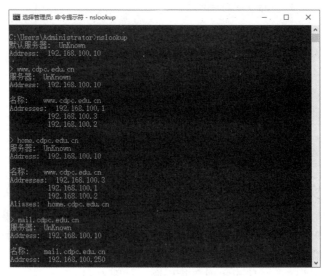

图 6-15　主机和别名解析测试

2. 反向解析测试

再次在 Windows 10 的命令提示符中运行 nslookup 命令，查询 192.168.100.1。测试结果如图 6-16 所示。

图 6-16　反向解析测试

3. 直接域名解析测试

在 nslookup 命令交互模式下，查询域名 cdpc.edu.cn 的查询结果如图 6-17 所示。

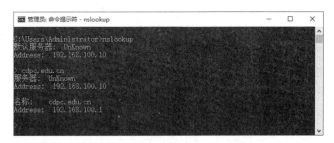

图 6-17　直接域名解析测试

4. 泛域名解析测试

泛域名解析测试结果如图 6-18 所示。

图 6-18　泛域名解析测试

5. 邮件交换记录测试

在命令提示符窗口中再次运行 nslookup 命令，使用 set type=mx 切换测试的资源记录类型为邮件交换记录。测试结果如图 6-19 所示。

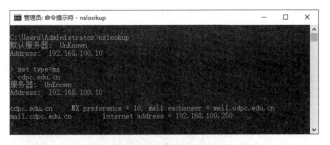

图 6-19　邮件交换记录测试

6.6　配置 DNS 转发器

每台 DNS 服务器只存储了互联网上一小部分域名信息，当客户端提出的查询请求本地 DNS

服务器无法回答时，可以求助别的 DNS 服务器，这就是转发器。

转发器可以把 DNS 客户端发送的查询请求转发到外部 DNS 服务器，这时本地 DNS 服务器称为转发服务器，外部 DNS 服务器称为转发器。

转发器的设置方法是：右击图 6-3 所示 DNS 管理器左侧窗格中的 DNS 服务器节点，在弹出的快捷菜单中选择"属性"，在启动的"DNS 属性"对话框上单击"转发器"标签，切换到转发器设置选项卡，如图 6-20 所示。

单击窗口中的"编辑"按钮，在弹出的窗口中输入转发器 IP 地址，例如 114.114.114.114，如图 6-21 所示。

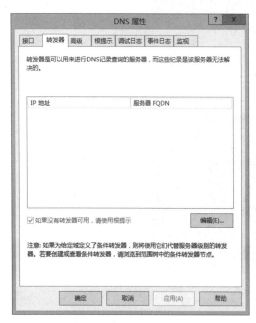

图 6-20　查看转发器

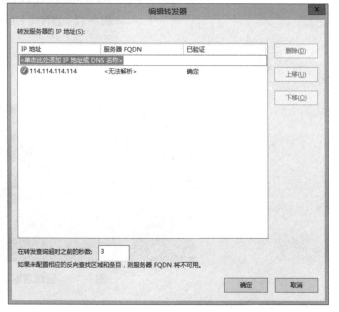

图 6-21　设置转发器

在 Windows 10 上对转发器进行测试。如图 6-22 所示，"www.sina.com"在本地 DNS 服务器上并没有这样的记录，这说明配置的转发器开始工作。

图 6-22　转发器测试

本章小结

本章主要介绍了以下内容：

1. 域名系统介绍。
2. DNS 服务器安装过程。
3. DNS 服务器区域类型和创建方法。
4. DNS 资源记录类型和配置方法。
5. DNS 客户端的配置和测试方法。
6. DNS 转发器的配置方法。

课后练习

一、选择题

1. 以下属于 FQDN 的是（　　　　）。
   A. 163.com　　　B. edu.cn　　　　　　C. www.cdpc.edu.cn　　D. cdpc.edu.cn
2. 由 IP 地址查询域名的查询方式属于（　　　　）。
   A. 正向查询　　　B. 反向查询　　　　　C. 递归查询　　　　　D. 迭代查询
3. DNS 服务器权威资源记录所属的数据区域类型是（　　　　）。
   A. 主要区域　　　B. 辅助区域　　　　　C. 存根区域　　　　　D. 缓存区域
4. DNS 资源记录类型不包括（　　　　）。
   A. 主机记录　　　B. 别名记录　　　　　C. 指针记录　　　　　D. IP 记录
5. 在任何情况下都会向客户端返回资源记录信息的查询模式是（　　　　）。
   A. 递归查询　　　B. 迭代查询　　　　　C. 正向查询　　　　　D. 反向查询

二、思考题

1. 使用 Windows Server 2012 R2 的 DNS 服务器配置步骤是什么？
2. 如何启用循环查询和递归查询？

实验指导

【实验目的】
掌握 DNS 服务器的配置和管理方法。
【实验环境】
2 台分别安装了 Windows Server 2012 R2 和 Windows 10 操作系统且可以联网的虚拟机或物理机。
【实验内容】

1. 配置 Windows Server 2012 R2 的 IP 地址为 192.168.200.10，子网掩码 255.255.255.0，默认

网关 192.168.200.2，DNS 地址为 192.168.200.2。

2. DNS 服务器规划如下：

（1）区域为 test.com；

（2）区域类型为主区域；

（3）主机和邮件交换记录如表 6-1 所示。

表 6-1　资源记录

服 务 器 名	IP 地 址	说　　明
dns.test.com	192.168.200.10/24	DNS 服务器
www.test.com	192.168.200.1/24	Web 服务器
www2.test.com	—	www 的别名
mail.test.com	192.168.200.2/24	邮件服务器

（4）配置 DNS 服务器可以进行正向和反向解析。

3. 配置转发器，转发器地址设置为 8.8.8.8。

4. 配置 Windows 10 的 IP 地址为 192.168.200.20，子网掩码为 255.255.255.0，DNS 地址为 192.168.200.10。

5. 在 Windows 10 中使用 nslookup 命令进行解析测试。

第 7 章

Windows Server 2012 R2 IIS 的配置与管理

导学

Web 服务是互联网提供的基础服务之一。通过 Web 服务用户可以便捷地从互联网得到图文并茂、内容丰富的各类信息。发展到现在，Web 服务已经成为部署大型网络应用程序最重要的基础载体。Windows Server 2012 R2 的 Web 服务被集成在 IIS 中。

学习本章前，请思考：什么是 IIS？如何配置基于 IIS 的 Web 服务器？

学习目标

1. 了解 IIS 的概念和作用。
2. 掌握 Web 服务器的安装和基本配置方法。
3. 熟练掌握 3 种虚拟 Web 主机的实现方法。
4. 掌握虚拟目录及站点的安全设置方法。
5. 掌握通过 WebDAV 管理 Web 站点文档的方法。
6. 了解 FTP 的概念和作用。
7. 掌握 FTP 服务器的安装和配置方法。

7.1 IIS 概述

IIS 是 Internet Information Services（互联网信息服务）的简称，是微软在 Windows 操作系统上提供的互联网基础服务，集成了 Web 服务器、FTP 服务器、ASP.net、虚拟主机、虚拟目录、应用程序部署、网站安全设置等多种服务和功能。

Windows Server 2012 R2 上集成 IIS 8.5，采用了全模块化设计。这种设计使得管理员可以通过添加或删除模块自定义服务器，以满足企业不同需求，并使服务器获得更高

视频

Web服务器
配置

的安全性。

Web 服务是典型的 C/S（客户端 / 服务器）模式服务。如图 7-1 所示，Web 服务器的典型工作场景是 Web 客户端（浏览器），在 DNS 帮助下，使用 HTTP（超文本传输协议）协议，通过 TCP/IP 网络，获取 Web 服务器上存储的特定 HTML 文档并进行显示。

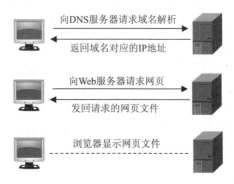

向DNS服务器请求域名解析
返回域名对应的IP地址

向Web服务器请求网页
发回请求的网页文件

浏览器显示网页文件

图 7-1　Web 服务器典型工作场景

<h2>7.2　Web 服务器安装、测试、停止和启动</h2>

7.2.1　Web 服务器安装

Web 服务器被集成在 IIS 中，安装步骤如下：

①启动服务器管理器，单击"添加角色和功能"按钮。

②安装类型选择"基于角色或基于功能的安装"。

③服务器角色选择界面勾选"Web 服务器（IIS）"，如图 7-2 所示。

图 7-2　选择服务器角色

④按默认参数完成 Web 服务器安装向导。

7.2.2　Web 服务器测试

启动 Windows Server 2012 R2 浏览器，在地址栏输入"http://localhost"后回车，显示出图 7-3 所示页面，说明 Web 服务器（IIS）安装成功。

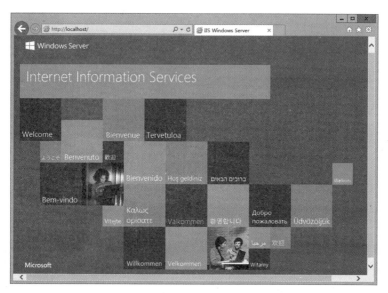

图 7-3　Web 服务器测试

在本地访问 Web 服务器的方法：

- 使用 localhost，格式为"http://localhost"。
- 使用本机回环地址，格式为"http://127.0.0.1"。
- 使用主机名，例如"http://server_name"。
- 使用 IP 地址，例如"http://192.168.100.1"。
- 使用域名，例如"http://www.test.com"。

7.2.3　Web 服务器停止和启动

IIS 管理器和服务管理器都可以启停 Web 服务器。

1. 使用 IIS 管理器

单击"开始"→"管理工具"，然后双击"Internet Information Services (IIS) 管理器"，启动 IIS 管理器。

展开左侧"连接"窗格中树状结构，选中要启停的 Web 服务器，如默认站点"Default Web Site"。在右侧"操作"窗格中单击"启动"、"停止"或"重新启动"超链接，可以启动、停止或重新启动这个站点，如图 7-4 所示。

2. 使用服务管理器

单击"开始"→"管理工具"双击"计算机管理"图标，单击左侧窗格中的"服务"节点切换到服务管理器界面，找到并选中"World Wide Web Publishing Service"服务，使用右侧"操作"窗格中的"启动""停止"菜单项，或工具栏中的" ▷ "" ■ "按钮，可以启动或停止 Web 服务器。

图 7-4　默认站点管理

<table>
<tr><td>7.3</td><td>管理 Web 站点</td></tr>
</table>

7.3.1　设置主目录

主目录是站点的根目录。默认情况下，站点的所有文档都必须放在主目录下才能由 Web 服务器发布出去。主目录的设置方法如下：

在图 7-4 中，单击右侧操作窗格中的"基本设置"超链接，启动"编辑网站"窗口。如图 7-5 所示，物理路径就是指站点主目录，可以是本地路径，也可以是远程共享目录。默认主目录是"%SystemDrive%\inetpub\wwwroot"。

图 7-5　设置主目录

对主目录的访问可以使用应用程序用户或别的特定用户，单击底部"连接为"按钮可以设置访问身份。

7.3.2　设置默认文档

默认文档也就是默认首页，也叫索引文档。当访问一个网站时，是用户首先看到的网页文档。通过这个网页上的链接，可以继续访问网站的其他页面。

当 Web 客户端只指定了文档路径而未指定路径名时，Web 服务器会尝试把目录下的默认文档发送给客户端。可以同时设置多个默认文档构成一个默认文档列表，Web 服务器将按这个列表的顺序依次去寻找默认文档。

在图 7-4 中，双击中间功能窗格的"默认文档"图标。默认文档列表如图 7-6 所示。

图 7-6　默认文档列表

默认文档列表包括 Default.htm、Default.asp、index.htm、index.html、iisstart.htm。对已有文档可以使用右侧操作窗格进行删除、调整顺序、禁用或启用，也可以按需要添加新的默认文档。

7.3.3　新建主页文档

为了便于操作，修改默认站点的主目录为 D:\wwwroot，然后在主目录下新建一个主页文档 default.htm，用记事本编辑该文档，如图 7-7 所示。

测试结果如图 7-8 所示。

图 7-7　编辑主页文档

图 7-8　测试结果

7.3.4　允许目录浏览

当 Web 客户端只指定了文档路径，而路径下又不存在任何默认文档的情况下，Web 服务器会尝试把目录下的文件列表发送给客户端。如果这时服务器安全设置不允许目录浏览，则会向客户端返回一个错误提示。默认情况下 Web 服务器不允许目录浏览。

开启目录浏览的方法是：在图 7-4 所示窗口中，双击中间窗格中的"目录浏览"图标，再单击右侧操作窗格中的"启用"超链接。

在站点主目录下放几个普通文件用于测试，并确保主目录下不存在默认文档。

对站点进行目录浏览测试的结果如图 7-9 所示。

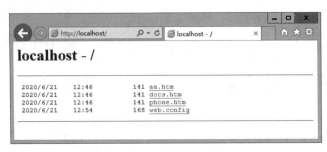

图 7-9　目录浏览测试

7.4　虚拟 Web 主机

在一台物理主机上可以架设多个站点，每个站点都是一台虚拟 Web 主机，虚拟 Web 主机之间必须进行区分。可以标识虚拟 Web 主机的参数有 3 种：端口号、IP 地址和主机名。虚拟 Web 主机之间这 3 种参数不能完全相同。

7.4.1　基于不同端口号的虚拟主机

Web 服务的默认端口号是 80。如果 Web 服务器使用默认的 80 端口，浏览器在访问 Web 服务器的时候不需要指定端口，如果 Web 服务器采用非标准端口号，访问时需要指定端口号。

下面利用不同端口号配置 2 台虚拟 Web 主机，其中 1 台使用 Default Web Site，另 1 台需要新建。两台虚拟主机参数如表 7-1 所示。

表 7-1　基于不同端口号的虚拟 Web 主机

网 站 名	IP 地 址	端 口 号	主 目 录
Default Web Site	全部未分配	80	C:\wwwroot
Site2	全部未分配	8080	C:\wwwroot2

新建虚拟主机的操作步骤如下：

①在图 7-4 所示的 IIS 管理器窗口，右击左侧的"网站"节点，在弹出的快捷菜单中选择"添加网站"。

②在图 7-10 所示的"添加网站"对话框中，按表 7-1 所示，设置网站名称、内容目录和端口号。

③在两个站点的内容目录 D:\wwwroot 和 D:\wwwroot2 下，分别新建默认主页文档"default.htm"，内容如图 7-11 所示。

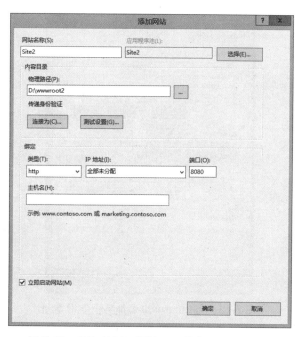

图 7-10　添加基于不同端口号的虚拟 Web 主机

图 7-11　默认主页内容

使用浏览器进行浏览测试，测试结果如图 7-12 所示。

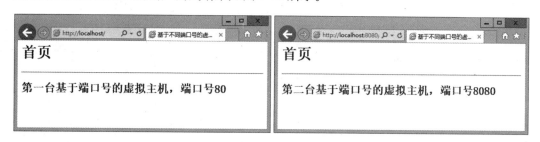

图 7-12　测试结果

7.4.2　基于不同 IP 地址的虚拟主机

基于不同 IP 地址的虚拟 Web 主机，每台虚拟主机绑定一个不同的 IP 地址。这些 IP 地址可以来自不同的网络连接，也可以来自相同的网络连接。

为 "Ethernet0" 添加另一个 IP 地址 192.168.100.20，如图 7-13 所示。

图 7-13 为 Ethernet0 添加另一个 IP 地址

两台虚拟主机参数如表 7-2 所示。

表 7-2 基于不同 IP 地址的虚拟 Web 主机

网 站 名	IP 地 址	端 口 号	主 目 录
Default Web Site	192.168.100.10	80	C:\wwwroot
Site2	192.168.100.20	80	C:\wwwroot2

区分虚拟主机的参数修改通过"编辑绑定"实现。

①修改 Default Web Site 站点绑定。在 IIS 管理器中选中 Default Web Site 站点,单击窗口右侧"操作"中的"编辑绑定"超链接,弹出图 7-14 所示"网站绑定"对话框。

单击窗口右侧的"编辑"按钮。弹出图 7-15 所示"编辑网站绑定"对话框,按表 7-2 所示修改 IP 地址为 192.168.100.10,端口号 80。

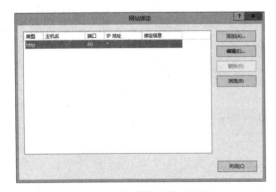

图 7-14 "网站绑定"对话框

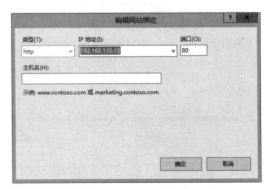

图 7-15 修改 Default Web Site 网站绑定

②修改 Site2 站点绑定,如图 7-16 所示。

图 7-16　修改 Site2 网站绑定

③简单修改两个站点默认主页文档"default.htm"后,进行浏览测试,测试结果如图 7-17 所示。

 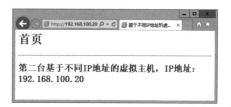

图 7-17　测试结果

7.4.3　基于不同主机名的虚拟主机

使用基于主机名的虚拟主机必须配合 DNS 服务器或者 hosts 文件。访问这种虚拟主机必须使用主机名进行访问,不能直接使用 IP 地址。

两台虚拟主机的参数如表 7-3 所示。

表 7-3　基于不同主机名的虚拟 Web 主机

网 站 名	主 机 名	IP 地 址	端 口 号	主 目 录
Default Web Site	www.test.com	全部未分配	80	C:\wwwroot
Site2	home.test.com	全部未分配	80	C:\wwwroot2

配置方法:

①添加 DNS 角色,并添加一个正向查找区域"test.com",添加两台主机记录:

www　　192.168.100.10
home　　192.168.100.10

②修改两个网站的绑定,分别如图 7-18 和图 7-19 所示。

③简单修改两个站点默认主页文档"default.htm"后,进行浏览测试,测试结果如图 7-20 所示。

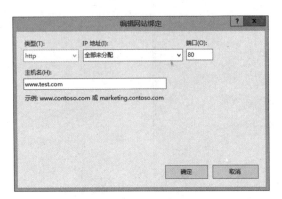

图 7-18　Default Web Site 网站绑定设置

图 7-19　Site2 网站绑定设置

图 7-20　测试结果

7.5　虚拟目录和站点安全性

7.5.1　设置虚拟目录

位于站点主目录下的目录是物理目录，可以由 Web 服务器直接访问。Web 服务器默认不能访问主目录以外的其他位置文件。为了实现这个操作，需要把其他目录映射为站点主目录下的虚拟子目录，这就是虚拟目录。

在默认站点 Default Web Site 主目录外有一个目录 D:\software。为了通过网站发布这个目录下的文件，新建一个虚拟目录 soft。步骤如下：

①在图 7-4 所示 IIS 管理器窗口中，右击窗口左侧"连接"窗格中的默认站点"Default Web Site"，在弹出的快捷菜单中选择"新建虚拟目录"。

②在图 7-21 所示"添加虚拟目录"对话框中，输入别名"soft"，物理路径设置为"D:\software"。

③前面已经开启了整个站点的目录浏览功能，所有虚拟目录自动继承这个特性。

④对虚拟目录进行浏览测试，测试结果如图 7-22 所示。

图 7-21　"添加虚拟目录"对话框

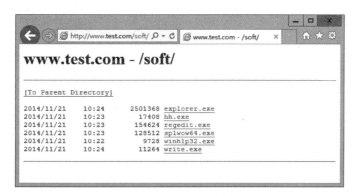

图 7-22　虚拟目录测试结果

7.5.2　配置身份验证

Web 服务器默认允许所有用户访问。IIS 提供了匿名身份验证、基本身份验证、摘要式身份验证和 Windows 身份验证。浏览器选择验证方式的顺序是：匿名身份验证→ Windows 身份验证→摘要式身份验证→基本身份验证。若启用了匿名身份验证，服务器会允许所有用户直接访问。

默认安装下，IIS 只提供匿名身份验证。另外 3 种身份验证需要添加功能模块。

1. 添加功能模块

在"服务管理器"中启动"添加角色和功能向导"窗口，如图 7-23 所示，在选择服务器角色窗口中勾选"安全性"下的"Windows 身份验证"、"基本身份验证"和"摘要式身份验证"。为了便于下面内容介绍，这里勾选"IP 和域限制"。

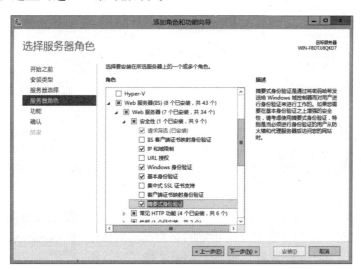

图 7-23　"添加角色和功能向导"窗口

2. 匿名身份验证

匿名身份验证允许所有用户直接访问网站，是安全性最低的验证方式，公网网站一般采用这种验证方式。

3. Windows 身份验证

Windows 身份验证使用 NTLM 或 Kerberos 协议进行客户端身份验证，一般用在内部网站用户身份验证，安全性较高。

4. 摘要式身份验证

摘要式身份验证使用 Windows 域控制器对用户身份进行验证，一般用在活动目录环境下的网站用户身份验证，安全性中等。

5. 基本身份验证

基本身份验证要求客户端提供合法的用户名和密码，一般用在内部网站用户身份验证。由于用户名和密码进行明文传输，容易被截获，所以安全性较低。

7.5.3 设置 IP 地址和域限制

默认情况下，网站允许所有客户端连接。开启网站的 IP 地址和域限制可以使 Web 服务器通过过滤客户端的 IP 地址或域名来提升网站的安全性。

1. 添加功能模块

IP 地址和域限制模块不是默认安装模块，需要在"添加角色和功能"向导中进行添加。添加后需要重新打开 IIS 管理器。

2. 打开 IP 地址和域限制设置界面

在 IIS 管理器中选中站点，双击中间功能视图中"IP 地址和域限制"图标进入 IP 地址和域限制设置界面，如图 7-24 所示。

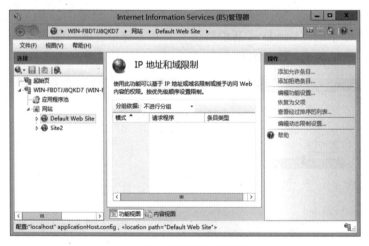

图 7-24　IP 地址和域限制

3. 编辑功能设置

这项设置用于设定 Web 服务器对于未指定的客户端的默认处理方式。有两个选择：默认允许或默认拒绝。如果选择了默认拒绝，需要添加允许条目，使得网站可以被某些用户访问。如果选择了默认允许，可以添加拒绝条目，用于限制某些用户对网站的访问。默认情况下是允许所有客户端连接。

在窗口右侧"操作"窗格中单击"编辑功能设置"超链接，弹出对话框如图 7-25 所示，选择客户端默认访问权，例如，设置为"拒绝"。

图 7-25　编辑功能设置

4．添加允许条目或拒绝条目

单击图 7-24 界面右侧"操作"窗格中的"添加允许条目"或"添加拒绝条目"，弹出对话框如图 7-26 所示。

图 7-26　添加允许条目

7.6　通过 WebDAV 管理 Web 站点文档

WebDAV 是 Web Distributed Authoring and Versioning（Web 分布式创作和版本控制）的简称，是一种基于 HTTP 1.1 的通信协议。该协议可以用于替代 FTP 实现对网站文档的远程管理。它比 FTP 更安全、更方便。

7.6.1　为 IIS 添加 WebDAV 模块

Windows Server 2012 R2 添加 IIS 角色时默认不包括 WebDAV，所以需要再次启动添加角色和服务向导，添加该模块，如图 7-27 所示。需要勾选"URL 授权"和"WebDAV 发布"两个模块。

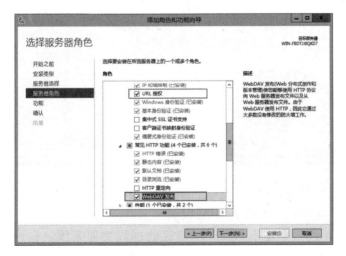

图 7-27　添加 WebDAV 模块

【说明】WebDAV 直接使用 HTTP 协议进行文档管理，所以不需要对防火墙设置额外的规则，使用相对比较方便。

7.6.2　启用和设置 WebDAV

在 IIS 管理器中间的"功能视图"中，双击"WebDAV 创作规则"，单击右侧"操作"窗格中的"启用 WebDAV"超链接，启用 WebDAV。

单击"添加创作规则"超链接，弹出对话框如图 7-28 所示，选择允许访问全部内容，用户选择特定用户 administrator，权限设置为读取、写入、源。这表示 administrator 可以管理整个站点文档，源代表可以访问 ASP.net、PHP 等程序文档源代码。

7.6.3　为 IIS 启用 Windows 身份验证

连接 WebDAV 网站可以使用 Windows 身份验证，也可以使用基本身份验证，推荐使用 Windows 身份验证。因为基本身份验证要求客户端使用 HTTPS 协议连接。

在服务器管理器中启动添加角色和功能向导，为 Web 服务器添加 Windows 身份验证模块。启动 IIS 管理器，选中左侧"连接"窗格中需要进行管理的 Web 站点，双击中间"功能视图"中的"身份验证"图标。在身份验证设置界面选中"Windows 身份验证"，

图 7-28　"添加创作规则"对话框

单击右侧"操作"窗格中的"启用"超链接，从而启用 Windows 身份验证，如图 7-29 所示。

图 7-29　启用 Windows 身份验证

7.6.4　WebDAV Redirector 客户端设置

WebDAV Redirector 是一个基于 WebDAV 协议的远程文件系统，它可以使得管理 WebDAV Web 服务器内的文件就像管理文件服务器内文件一样，非常方便。

WebDAV Redirector 依赖于 webclient 服务，所以使用 WebDAV Redirector 必须启动 webclient 服务。现在的主流 Windows 系统中已经内置了 webclient 服务。在 Windows 10 系统中，这个服务的启动状态默认是"触发启动"，当需要这个服务时会自动启动。

为了便于按站点绑定的域名进行访问，修改 Windows 10 的 hosts 文件（一般位于 C:\Windows\System32\Dirvers\etc 目录下），增加下面的记录：

```
192.168.100.10 www.test.com
```

Windows 10 在 WebDAV Redirector 支持下，通过映射网络驱动器方式管理站点文档：

①启动 Windows 10 文件资源管理器，单击"此电脑"按钮，显示"此电脑"功能区。单击"映射网络驱动器"按钮，启动"映射网络驱动器"对话框。

②在图 7-30 中，在"文件夹"文本框处输入要管理的网站网址，例如 http://www.test.com/，单击"完成"按钮。

图 7-30　映射网络驱动器

③在弹出的图 7-31 所示"Windows 安全中心"对话框中输入用户名和密码。

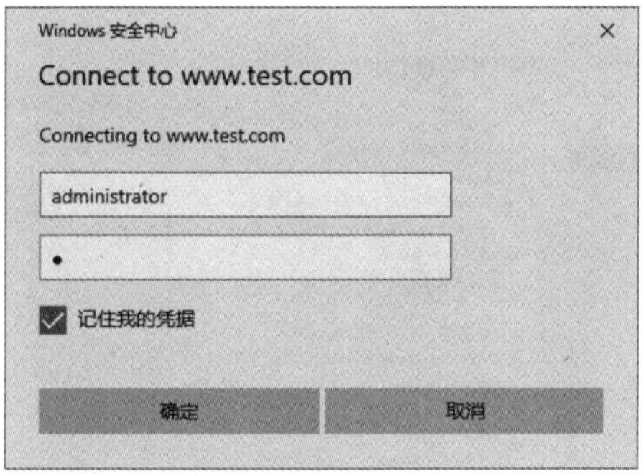

图 7-31　Windows 安全中心对话框

④用户验证通过后弹出图 7-32 所示的网络驱动器。这个网络驱动器会被保存下来，后续可以随时从文件资源管理器中像访问本地驱动器一样访问。

图 7-32　浏览网络驱动器

7.7 FTP 服务器安装

·······●视频

FTP服务器
配置

7.7.1　FTP 概述

　　FTP 是 File Transfer Protocol（文件传输协议）的简称。FTP 服务是典型的 C/S 模式服务，由 FTP 服务器、FTP 客户端和 FTP 协议 3 部分组成。FTP 服务器是常用的文件服务器之一，通常用于存放大量的文件供用户下载，或者客户端把自己的文件上传至 FTP 服务器进行保存。

　　FTP 服务在传输层使用 TCP 协议，监听 21 号端口，当发起数据传输时，使用 20 号端口。

7.7.2　FTP 服务模块安装

　　默认情况下 FTP 服务模块并不会随 IIS 一起安装。在服务器管理器中启动添加角色和功能向导。在图 7-33 所示服务器角色选择界面中，勾选"Web 服务器（IIS）"→"FTP 服务器"→"FTP 服务"。

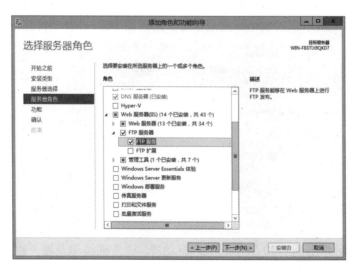

图 7-33　添加 FTP 服务器模块

7.7.3　新建 FTP 服务器

没有默认的 FTP 服务器，新建 FTP 服务器步骤如下：

①启动 IIS 管理器，在左侧"连接"窗格中，右击"网站"节点，在弹出的快捷菜单中选择"添加 FTP 站点"。

②如图 7-34 所示，设置 FTP 站点名称和站点主目录。

③如图 7-35 所示，设置 FTP 站点 IP 地址、端口号及 SSL 安全设置。使用默认端口号 21，并选择"无 SSL"。

图 7-34　设置站点信息

图 7-35　绑定和 SSL 设置

④设置 FTP 服务器的身份验证和授权信息。如图 7-36 所示，勾选"匿名"复选框，并选择"匿名用户"，在对话框底部选择"读取"，表示 FTP 站点的访问权限是匿名用户可以下载文件。更详细的身份验证和授权信息需要 FTP 站点建成后修改。

单击"完成"按钮完成"FTP 测试站点"的创建。

图 7-36　设置身份验证和授权信息

7.8 FTP 服务器管理

7.8.1 修改身份验证方式

在 IIS 管理器中选中 FTP 站点，例如"FTP 测试站点"，在窗口中间"功能视图"中双击"FTP 身份验证"图标。弹出窗口如图 7-37 所示，启用基本身份验证和匿名身份验证。FTP 客户端会优先使用匿名身份验证方式登录 FTP 服务器，但是如果想得到更高的访问权限，则需要使用其他授权用户登录。

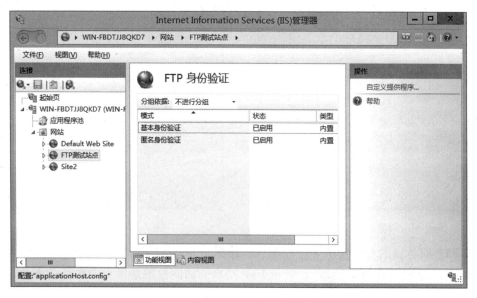

图 7-37 设置 FTP 身份验证方式

7.8.2 修改授权规则

在上面的 FTP 站点新建向导中，只设置了匿名用户的只读访问权限，所以匿名用户只能从 FTP 服务器下载文件。如果想增加其他用户的访问权限，除了启用基本身份验证功能外，还需要添加"FTP 授权规则"。

在 IIS 管理器中选中 FTP 测试站点，双击中间窗格中的"FTP 授权规则"图标，如图 7-38 所示，当前 FTP 站点允许匿名用户只读访问。

单击图 7-38 右面"操作"窗格中的"添加允许规则"超链接。在图 7-39 所示的"添加允许授权规则"对话框中选择"指定的用户"单选按钮，并输入授权用户"administrator"。权限选择"读取"和"写入"。该设置增加 administrator 用户的读取和写入权限，允许 administrator 用户上传和下载文件。

图 7-38　修改 FTP 授权规则

图 7-39　"添加允许授权规则"对话框

7.8.3　设置 FTP 消息

FTP 消息包括横幅、欢迎使用、退出、最大连接数。当发生以上事件时，FTP 服务器把对应消息发送给客户端。FTP 消息设置如图 7-40 所示。

图 7-40　FTP 消息设置

【注意】在欢迎消息中请勿使用"欢迎访问……"一类消息提示，这样可能导致非法入侵者逃避法律制裁。

7.9 测试 FTP 服务器

FTP 客户端有很多种，例如浏览器、微软 Windows 系统的文件资源管理器、FTP 客户端命令、专用的第三方 FTP 客户端软件（FileZilla、LeapFTP、CuteFTP……）等。

这里直接使用文件资源管理器做 FTP 客户端进行测试。

7.9.1　匿名用户测试

打开 Windows 10 的文件资源管理器，在地址栏中输入 FTP 服务器的主机名或 IP 地址，例如，如图 7-41 所示，"192.168.100.10"，然后回车。由于 FTP 服务器设置为允许匿名登录，所以文件资源管理器并没有提示输入用户名和密码。

图 7-41　匿名用户登录 FTP 服务器

7.9.2　特定用户测试

使用特定用户"administrator"登录 FTP 服务器，以获得更多的访问权限，例如上传权限。

在图 7-41 所示窗口中，右击文件列表空白处，在弹出的快捷菜单中选择"登录"。在图 7-42 所示"登录身份"对话框中输入授权用户和密码，例如 administrator，然后单击"登录"按钮。

从其他位置复制一个文件，粘贴到图 7-41 所示窗口中，进行上传测试。如图 7-43 所示，"测试文档 .docx"上传成功。

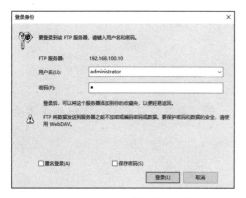

图 7-42　"登录身份"对话框

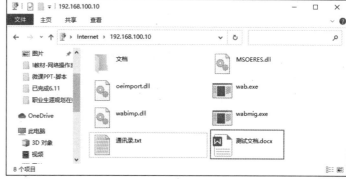

图 7-43　上传测试

7.10　FTP 服务器其他设置

FTP 服务器像 Web 服务器一样，也支持虚拟主机。可以基于不同端口号、不同 IP 地址或不同主机名 3 种方式建立虚拟主机。同时，FTP 服务器也支持 IP 地址和域限制、虚拟目录等特性，设置方式和 Web 服务器一致。

用户隔离是 FTP 服务器特有设置，利用用户隔离，可以使不同的用户访问不同的服务器目录。

本章小结

本章主要介绍了以下内容：

1. Web 服务器的安装、启动和停止方法。
2. Web 服务器的基本管理方法。
3. 虚拟 Web 主机的配置方法。
4. 虚拟目录和站点安全设置方法。
5. 通过 WebDAV 管理 Web 站点。
6. FTP 服务器的概念和安装、配置方法。

课后练习

一、选择题

1. IIS 提供的功能不包括（　　　）。

   A. Web 服务器　　　　　　　　　　　B. 虚拟 Web 主机

   C. DNS 服务器　　　　　　　　　　　D. FTP 服务器

2. 关于 Web 服务器（IIS）的说法不正确的是（　　　）。

   A. 缺省默认文档中包括 Default.htm

   B. 可以自定义主目录

   C. 当客户端只指定了请求目录而没指定请求文件时，若不存在默认文档，Web 服务器会尝试列出目录文件列表

   D. Web 服务器默认允许目录浏览

3. 虚拟 Web 主机不包括（　　　）。

   A. 基于不同端口号的虚拟主机　　　　B. 基于不同 IP 地址的虚拟主机

   C. 基于不同主机名的虚拟主机　　　　D. 基于不同 MAC 地址的虚拟主机

4. Web 服务器支持的身份验证模式不包括（　　　）。

   A. 基本身份验证　　　　　　　　　　B. IP 地址验证

   C. 摘要式身份验证　　　　　　　　　D. Windows 身份验证

5. FTP 服务使用的默认端口号是（　　　）。

   A. 21　　　　　　　B. 53　　　　　　　C. 80　　　　　　　D. 443

二、思考题

1. Web 服务器（IIS）如何配置虚拟主机？

2. 如何通过 WebDAV 管理 Web 站点文档？

3. 如何利用 IIS 配置 FTP 服务器？

实验指导

【实验目的】

掌握 Web 服务器和 FTP 服务器的配置方法。

【实验环境】

2 台分别安装了 Windows Server 2012 R2 和 Windows 10 操作系统且可以联网的虚拟机或物理机。

【实验内容】

一、Web 服务器配置

1. 在 Windows Server 2012 R2 中添加 Web 服务器（IIS）服务器角色。

2. 测试 Web 服务器。

3. 设置默认 Web 站点的主目录为 D:\www1。

4. 在默认文档列表中添加默认文档项 mainpage.htm。

5. 允许站点目录浏览。

6. 再添加一个 Web 站点"站点 2"，分别利用不同端口号、不同 IP 地址、不同主机名方式配置虚拟 Web 主机并测试。

7. 为默认站点增加 IP 地址浏览限制，禁止"192.168.200.0/24"网段访问。

8. 添加 WebDAV 模块，在默认站点上启用 WebDAV，并在 Windows 10 系统中映射网络驱动器，管理 Web 站点下的文档。

二、FTP 服务器配置

1. 添加 FTP 服务器模块。

2. 新建 FTP 服务器"FTP Server"，禁止匿名用户访问，允许 stu 用户下载，允许 teacher 用户上传和下载。

3. 分别用 stu 和 teacher 用户身份登录 FTP 服务器，进行上传和下载测试。

第 8 章

活动目录域服务配置与管理

导学

在传统的计算机网络中，由于各种资源都以分散的方式被存储在网络中的不同位置，资源访问授权方式又各不相同，所以即便网络管理员也会经常困惑：到底网络中有哪些计算机、用户和资源，如何去查找这些资源，找到后又需要以什么样的凭证去访问这些资源。有没有对这些分散的计算机、用户和各种资源进行统一管理和控制的方法呢？

学习本章前，请思考：什么是活动目录？如何创建和管理活动目录？

学习目标

1. 了解活动目录的概念和功能。
2. 了解活动目录的对象、结构和功能级别。
3. 掌握活动目录的安装方法。
4. 掌握计算机加入域和退出域的方法。
5. 掌握活动目录对象的管理方法。
6. 熟悉组策略的概念和配置方法。

8.1 活动目录概述

8.1.1 活动目录的概念和功能

在活动目录之前，人们通常用工作组来管理网络中的计算机。但是工作组中计算机是松散的集合，每台计算机单独负责自己的安全认证和资源管理。管理员对这些计算机进行统一管理非常困难。活动目录相比工作组拥有对计算机和各类资源的更强控制力。加入工作组的计算机和用户都服从域控制器的统一管理。

活动目录（Active Directory，AD），是一种增强型目录服务，用于组织、管理和定位各种网络资源。

活动目录主要提供以下功能：

- 提供集中式的目录结构，用于存储 AD 有关的对象信息，例如计算机、用户、组、组织单位等。
- 单点登录访问，即从一处登录可以访问全网资源。
- 集成的安全性，AD 集中负责域中各种资源的访问权限，系统的登录验证等安全事务。
- 提供资源检索机制，用于向用户提供集中的资源查找和检索功能。
- 组策略，统一管理用户的桌面环境和安全设置。

活动目录服务使用 LDAP 协议，这是目前互联网目录服务的通用访问协议。LDAP 是 Lightweight Directory Access Protocol（轻量级目录访问协议）的简称。

Windows Server 2012 R2 通过 Active Directory 域服务（简称 AD DS）管理活动目录。

8.1.2　活动目录的对象

活动目录中的对象主要有：

- 计算机（Computer）：网络中的计算机实体，加入域的计算机会自动创建对应的计算机账号。
- 用户（User）：安全实体，有一定安全权限，可以登录到域。
- 联系人（Contact）：非安全实体，只用于记录个人信息，例如电子邮件账户等。
- InetOrgPerson：标准用户对象，安全实体。
- 组（Group）：对其他对象进行分组的实体，方便管理。
- 组织单位（Organizational Unit）：简称 OU，是容器单位。组织单位可以对域进行分区管理。和组主要用于权限设置不同，组织单位用于域的网络构建。使用组织单位可以在域内建立一个分层的树状结构。
- 共享文件夹（Shared Folder）：在活动目录中发布的共享文件夹。工作站可以在活动目录中检索到。活动目录的单点登录特性决定了用户登录域后可以直接访问这些共享文件夹，而无须再次登录。
- 打印机（Printer）：在活动目录中发布的打印机。

8.1.3　活动目录的结构

1. 域

域是活动目录的基本构成单元，是活动目录的分区单位，是安全和管理的边界。一个活动目录中最少要有一个域。域中存在三种计算机：

（1）域控制器。负责管理和控制整个域，存储活动目录数据库，其中 GC（全局编录域控制器）还负责成员登录验证和全局资源目录检索。

（2）成员服务器。在域控制器的统一协调下，提供某种特定类型的服务，例如 DHCP 服务、DNS 服务等。

（3）工作站。加入域的计算机。

2. 组织单位

组织单位可以进一步在域内建立更详细的层次结构。作为一个容器，组织单位内可以包含用户、组、计算机或其他组织单位。组织单位的引入可以最大限度减少域中所需子域的数量，降低域的管理复杂度。

3. 域树

如图 8-1 所示，域 abc.com 和子域 c1.abc.com 是邻接的，具有命名空间连续性。多个具有命名空间连续性的域构成一棵域树。域树的第一个域被称为根域。位于上层的域称为父域，位于下层的域称为子域。

4. 林

林是由一棵或多棵命名空间不连续的、由信任关系连接而成的域树集合。最简单的域林由一棵域树组成。林中创建的第一个域是林的根域（林根域）。所有域树的根域（域根域）由双向信任关系连接。图 8-2 所示的林由两棵域树组成，林根域是 abc.com。

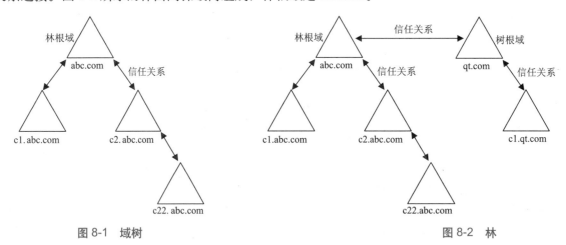

图 8-1　域树　　　　　　　　　　　　　　　　图 8-2　林

5. 域的信任关系

域的信任关系建立在两个域之间，例如父域和子域之间、林中两棵域树的根域之间等。信任关系是有方向性的，在一个信任关系中存在两种角色：信任域和受信任域。信任域会信任受信任域对用户身份的验证，如果用户在受信任域中登录，那么该用户也会同步登录信任域，而不需要二次登录。信任可以是单向信任也可以是双向信任，双向信任就是指互为信任域和受信任域。

默认情况下，父域和子域之间，林中林根域和其他域树根域之间自动形成双向信任关系。

6. 全局编录

全局编录（Global Catalog，GC）是活动目录中的一个特殊目录数据库，存储主持域中对象所有信息和林中其他域中对象部分信息的副本。在全局编录中存储用户搜索操作中域对象的最常搜索属性。

全局编录允许用户在林中的所有域中搜索目录信息，而不论数据存储在何处。默认情况下，林中的第一个域控制器会自动成为林的全局编录域控制器。

8.1.4　功能级别

功能级别代表了域或林的兼容级别，包括域功能级别和林功能级别两种。较新版本的 Windows Server 系统往往支持较新版本的 AD，支持更多的特性，但是也会造成无法兼容老版本 Windows Server AD 的问题。在新建域或林时可以指定功能级别。已创建的域或林可以随时提升功能级别，但是并不能降低功能级别。

Windows Server 2012 R2 支持的域或林的功能级别有：

```
Windows Server 2008
Windows Server 2008 R2
Windows Server 2012
Windows Server 2012 R2
```

8.1.5　活动目录和 DNS 集成

活动目录和 DNS 集成在一起，共享相同的域名空间，集成后两者的关系如下：
- 两者具有相同的层次结构。
- DNS 服务器的区域数据可以存储在 AD 中。
- AD 把 DNS 服务器作为定位服务，例如定位域控制器。

【注意】AD 必须要 DNS 才能正常工作，反之则不然。

8.2　活动目录的安装

安装活动目录分为两步：第一步，安装 Active Directory 域服务（AD DS），第二步，将服务器提升为域控制器。新版本的 Windows Server 中使用 dcpromo 命令可直接安装活动目录服务并把服务器提升为域控制器。

视频 ●········

活动目录的
安装

8.2.1　安装 Active Directory 域服务

在 Windows Server 2012 R2 中使用服务器管理器通过角色添加 Active Directory 域服务，步骤如下：

①启动服务器管理器，单击"添加角色和功能"超链接，启动"添加角色和功能向导"窗口。

②在图 8-3 所示服务器角色选择界面勾选"Active Directory 域服务"和"DNS 服务器"。

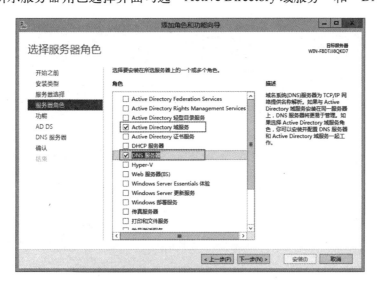

图 8-3　服务器角色选择

③按默认参数完成向导。

8.2.2 将服务器提升为域控制器

将服务器提升为域控制器的操作步骤如下。

①单击服务器管理器窗口顶部的旗帜状通知按钮，然后单击"将此服务器提升为域控制器"超链接，如图 8-4 所示，启动 Active Directory 域服务配置向导。

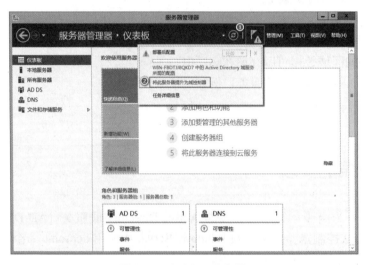

图 8-4 AD DS 配置向导

②如图 8-5 所示，选择"添加新林"单选按钮，并设置根域名，例如"cdpc.edu.cn"，单击"下一步"按钮。

图 8-5 设置根域名

③图 8-6 所示界面用于设置域和林的功能级别及目录服务还原模式密码。这个密码是还原模式下域控制器进行 AD 数据库重建时需要的。单击"下一步"按钮。

④忽略 DNS 选项的警告信息，直接单击"下一步"按钮。

图 8-6　域控制器选项设置

⑤在图 8-7 所示其他选项界面，设置 NetBIOS 名称。这个名称用于兼容早期版本 Windows 系统，默认取值为林根域的最左侧域名。直接单击"下一步"按钮。

图 8-7　设置其他选项

⑥路径设置界面用于设置 AD DS 数据库、日志文件和 SYSVOL 的位置，保留默认位置，单击"下一步"按钮。

⑦查看选项界面用于让管理员核实域控制器的各项参数，如果没有错误，直接单击"下一步"按钮。

⑧先决条件检查界面将检查域控制器的初始环境是否符合要求。如果检查未通过，系统会指出存在的问题，改正后再次执行检查，如果检查通过，单击"安装"按钮开始安装域控制器。要

注意本地管理员 administrator 的密码必须符合复杂性要求，如果密码过于简单检查会失败。

⑨完成后系统自动重启。

8.3 计算机加入和退出域

8.3.1 计算机加入域

客户端计算机必须可以和域控制器正常通信，必须拥有一个域管理员账号或域普通用户账号，这样计算机才能加入域。客户端需要查询 DNS 服务器寻找域控制器，所以客户端必须指定域控制器集成的 DNS 服务器为本机 DNS 服务器地址。通常 DNS 服务器和域控制器是一台计算机。上面配置的域控制器和 DNS 服务器地址为 192.168.100.10，以 Windows 10 客户端为例，加入域的步骤如下。

①配置 IP 地址和 DNS 地址，如图 8-8 所示。

②修改计算机名和域。Windows 10 中右击"此电脑"，在弹出的快捷菜单中选择"属性"。单击系统属性窗口的"高级系统设置"超链接，弹出图 8-9 所示"系统属性"对话框。

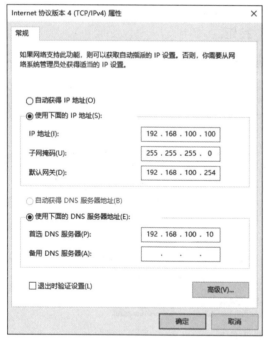

图 8-8 客户端 IP 地址和 DNS 地址设置

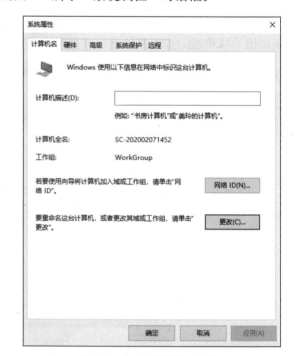

图 8-9 "系统属性"对话框

单击"更改"按钮，弹出图 8-10 所示"计算机名/域更改"对话框。默认是隶属于工作组，选择"域"单选按钮，然后输入域名，例如 cdpc.edu.cn。单击"确定"按钮后会弹出输入域用户和密码对话框，输入合法的域用户和密码后，重启计算机，加入域成功。

③把域账号设置为本地管理员。

如果使用域管理员账号登录域，登录账号会拥有本地管理员权限。更多的情况下用户使用的是普通域用户账号,这时登录域后,该域账号并不是本地管理员,这为本地计算机管理带来诸多不便。解决方法是使用本地管理员登录本机,把域普通用户账号设置为本地管理员。步骤如下:

①使用本地管理员登录本机。在登录界面选择"其他用户",用户名处输入"< 本地计算机名 >\administrator",再输入本地管理员密码,这样就是以本地管理员身份登录本机,而不是登录到域。

②打开"Administrators"组属性对话框。依次单击"开始"→"管理工具"→"计算机管理"。选中左侧窗格中的"本地用户和组"→"组"。在右侧窗格中双击"Administrators"组名,弹出图 8-11所示属性对话框。

图 8-10　修改计算机名和域

图 8-11　Administrators 属性

③把域用户添加到本地管理员组。单击"添加"按钮,弹出图 8-12 所示"选择用户、计算机、服务账户或组"对话框。单击"高级"按钮,在弹出的登录对话框中输入分配到的域用户和密码,然后单击"确定"按钮。

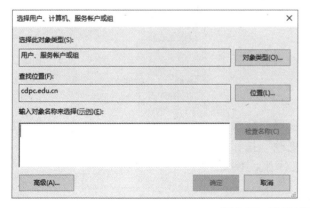

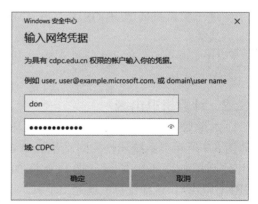

图 8-12　登录域查找用户

如图 8-13 所示，登录成功后，单击"立即查找"按钮。从对话框底部的"搜索结果"中，找到并选中分配到的域用户，例如"don"。单击"确定"按钮完成域用户选择。域管理员和普通域用户都可以查找域用户列表。

图 8-13　域用户查找

连续单击"确定"按钮把域用户添加到本地管理员组，使其成为本地管理员。这样在本机上再次使用该域用户登录域的时候，就能完全管理本地计算机。

【说明】域账户名有两种表示方法：

- SAM 账户名：格式为"域名\用户名"，域名可以使用比较简短的 NetBIOS 名，也可以使用完整的 DNS 域名。
- UPN 用户名：格式为"用户名 @ 域名"，类似于一个邮箱地址。

8.3.2　计算机退出域

以本地管理员或具有本地管理员权限的域用户登录，启动图 8-9 所示"系统属性"对话框。单击"更改"按钮，弹出对话框如图 8-14 所示，把计算机加入工作组，例如 WORKGROUP，这样计算机就退出了域。

图 8-14　修改工作组

8.4　管理活动目录对象

Windows Server 2012 R2 提供了四个管理工具：

- Active Directory 管理中心。
- Active Directory 用户和计算机。
- Active Directory 域和信任关系。
- Active Directory 站点和服务。

视频

管理活动目录对象

如图 8-15 所示，Active Directory 管理中心是 Windows Server 2008 R2 后新增加的工具，可管理各种活动目录对象。

图 8-15　Active Directory 管理中心控制台

8.4.1　管理组织单位

组织单位的常用操作有新建组织单位、删除组织单位、在组织单位中新建域对象、把已有域对象移入组织单位等。

右击图 8-15 所示左侧的"cdpc（本地）"，在弹出的快捷菜单中选择"新建"→"组织单位"。在弹出的图 8-16 所示的"创建组织单位"对话框中输入组织单位名称，例如"jsj"，地址、描述、管理者等信息可根据实际需要添加。

组织单位创建后可以把用户、计算机移入该组织单位。操作方式是右击该对象，在弹出的快捷菜单中选择"移动"，在图 8-17 所示"移动"对话框中选择要移入的组织单位，例如"jsj"，单击"确定"按钮完成移动。

在 AD 管理中心中双击组织单位，例如 jsj，可以查看该组织单位内包含的对象，如图 8-18 所示。

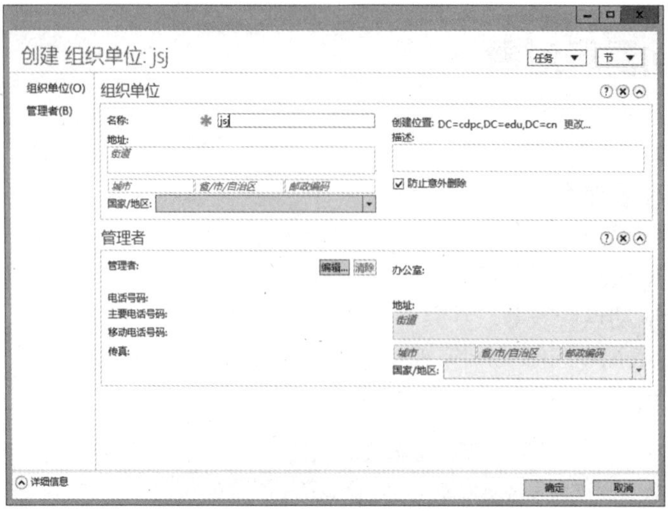

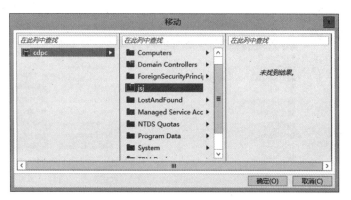

图 8-16 "创建组织单位"对话框

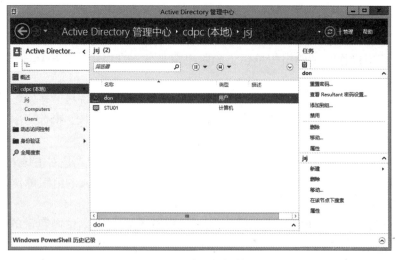

图 8-17 "移动"对话框·

图 8-18 查看组织单位

删除组织单位，会同步删除组织单位内所有包含的对象。删除组织单位时需要先取消选择图 8-16 所示对话框中的"防止意外删除"复选框。

8.4.2　管理计算机账户

每个登录域的计算机都有一个计算机账户。当使用域用户在一台计算机上登录域后，会自动在"computers"容器内建立该计算机的计算机账户。计算机账户提供了一种审核计算机访问活动目录资源的方法。

可以重置、禁用、删除计算机账户，也可以把计算机账户移入某个组织单位。

8.4.3　管理域用户账户

不同于本地账户存储在本地计算机上，域用户集中存储在域控制器上，可以在域中任何一台计算机上使用该账户登录。域用户登录域时由域控制器统一验证，可以实现一点登录全局访问。

Windows Server 2012 R2 上已经存在两个内置域账户：administrator 和 guest。

- administrator：域管理员，具有管理计算机和域的最高权限，是 Domain Admins 组成员。
- guest，域来宾账户，默认禁用，是 Domain Guests 组成员。

1. 创建域用户账户

①单击"服务器管理器"窗口中菜单栏的"工具"按钮，下拉菜单选择"Active Directory 管理中心"菜单项。

②右击域、Users 容器或组织单位，在弹出的快捷菜单中选择"新建"→"用户"。

③在图 8-19 所示界面，输入名字、全名、UPN 和 SAM 登录名。名字和加"*"的项目是必填项目。密码要符合复杂性要求，过期时间和密码选项可以根据需要设置。新用户默认属于 Domain Users 组，可以根据需要修改，也可以后面随时修改。

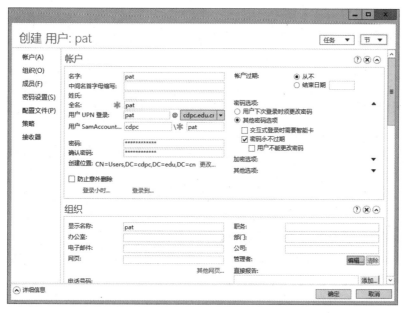

图 8-19　创建用户

2. 管理域用户账户

如图 8-18 所示，选择要进行管理的账户，在右侧操作窗格中会出现该账户的管理操作，例如重置密码、禁用、删除、移动和属性修改。

任何在创建账户时设置的属性都可以在账户的属性对话框中修改。

【注意】如果要删除某账户，必须在账户属性对话框中，取消勾选"防止意外删除"复选框，否则无法删除。

8.4.4 管理组

组内可以包含计算机账户、用户账户、联系人或其他组对象等，同时组还可以作为安全实体被赋予权限。组可以简化活动目录对象的管理。

Builtin 和 Users 容器中都包含有用户和组。前者的作用范围是本机，后者的作用范围是整个域或林。

1. 组的划分

①作用域指组在域树或林中的作用范围，按作用域划分，组可分为如下 3 种。

- 通用组：权限范围是整个林，用于多域用户访问多域资源。通用组成员可以包括域树或林中任何域的其他组和账户，可以在该域树或林中的任何域中指派权限。

内置通用组主要有 Enterprise Admins 和 Schema Admins 等，默认组成员是 Administrator。

- 全局组：权限范围是整个林，用于单域用户访问多域资源。全局组成员可以包括所在域中的其他组和账户，可以在林中的任何域中指派权限。

内置全局组主要有 Domain Admins（域管理员组）、Domain Computers（域计算机组）、Domain Controllers（域控制器组）、Domain Users（普通域用户组）、Domain Guests（域来宾组）等。

- 本地域组：权限范围是本地域，用于多域用户访问单域资源。本地域组成员可以包括域中的其他组和账户，只能在所在域内指派权限。

内置本地域组主要有 Acount Operators（账户操作员组）、Administrators（系统管理员组）、Backup Operators（备份操作员组）、Guests（来宾组）、Users（普通用户组）等。

【说明】通用组和全局组位于 Users 容器，本地域组位于 Builtin 容器。

②按功能划分，组可分为如下 2 种。

- 安全组：安全实体，可以赋予访问权限。把用户加入一个安全组相当于赋予了用户该安全组拥有的权限。
- 分发组：非安全实体，不能被赋予访问权限。分发组成员只用做电子邮件地址等通信用途。

2. 创建组

组可以直接创建在域内，也可以直接创建在组织单位内。

①启动 Active Directory 管理中心窗口，右击域或组织单位，在弹出的快捷菜单中选择"新建"→"组"。

②在图 8-20 所示"创建组"窗口中，输入组名，选择组类型和范围，然后单击"确定"按钮。也可以在创建组时选择组成员和其他参数。

图 8-20 "创建组"窗口

3. 添加组成员

①在 Active Directory 管理中心中双击要添加成员的组。

②单击窗口左侧"成员（F）"或"成员（M）"超链接。"成员（F）"用于选择组内置安全主体，"成员（M）"用于选择组、服务账户或其他对象。

③单击右侧的"添加"按钮，在选择对象对话框中，直接输入或单击"高级"按钮后选择用户或组。

④添加结果如图 8-21 所示。

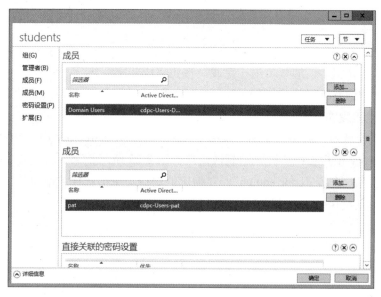

图 8-21 添加组成员

8.4.5 发布共享文件夹

1. 在计算机上进行共享设置

直接在域控制器 SRV01 上设置共享文件夹 share_docs。

①右击要共享的文件夹，在弹出的快捷菜单中选择"共享"→"特定用户"。

②添加共享用户及其访问权限。图 8-22 所示，把共享文件夹的权限设置为本地管理员和域管理员组成员可读写，域普通用户和其他所有人只读。

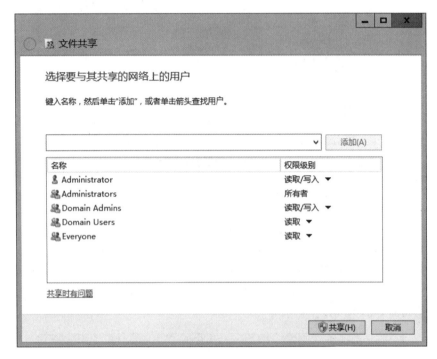

图 8-22 共享设置

③单击"共享"按钮后，继续单击"完成"按钮完成共享。

该共享文件夹的访问路径为"\\SRV01\share_docs"。

2. 在活动目录里发布共享文件夹

①启动服务器管理器，单击"工具"菜单，选择"Active Directory 用户和计算机"菜单项，启动"Active Directory 用户和计算机"控制台窗口如图 8-23 所示。

②右击左侧窗格的域名"cdpc.edu.cn"，在弹出的快捷菜单中选择"新建"→"共享文件夹"。

③在图 8-24 对话框中输入共享名和共享路径。

图 8-23 "Active Directory 用户和计算机"控制台窗口

图 8-24 共享文件夹对话框

8.4.6 客户端查询活动目录对象

启动 Windows 10 文件资源管理器,单击左侧窗格中的"网络"节点,然后单击窗口顶部的"网络"按钮。在出现的"网络"功能区中单击"搜索 Active Directory"按钮,如图 8-25 所示。

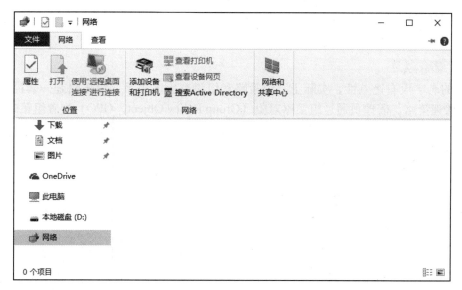

图 8-25 "网络"功能区

在弹出的图 8-26 所示查找窗口中可以查找活动目录中的用户、联系人、组、计算机、打印机、共享文件夹、组织单位等。

图 8-26　查找窗口

8.5 组策略

8.5.1 组策略概述

组策略的名字很有迷惑性，实际上，组策略和组没有太多关系。组策略是一套控制用户和计算机行为的管理策略。管理员通过组策略对象（Group Policy Object，GPO）配置组策略。

1. 组策略的两类配置

- 计算机配置：可以控制整个计算机的环境，所有登录计算机的用户都受到约束。
- 用户配置：可以控制登录计算机的用户环境。

2. 本地组策略和活动目录组策略

本地组策略：只能作用于本地计算机。每台 Windows 计算机上都有本地组策略。本地安全策略是本地组策略的一个子集。

活动目录组策略：可以作用于整个活动目录，只有域控制器上才能设置活动目录组策略。

8.5.2 配置活动目录组策略

活动目录组策略可以应用在不同层次的活动目录对象上，策略应用顺序：本地组策略→活动目录站点→域→组织单位。下层组策略会覆盖上层组策略。

活动目录站点是 IP 子网的集合，用于协助操作系统了解物理网络拓扑结构。

下面利用组策略配置桌面环境的示例介绍组策略的配置方法。

①依次单击"开始"→"管理工具"，双击"组策略管理"图标。

②如图 8-27 所示，右击"jsj"组织单位，在弹出的快捷菜单中选择"在这个域中创建 GPO 并在此处链接"。弹出图 8-28 所示"新建 GPO"对话框，在其中输入组策略对象（GPO）名称，例如 jsj_desktop，单击"确定"按钮。

图 8-27　"组策略管理"控制台

图 8-28　"新建 GPO"对话框

③右击上一步新建的组策略对象"jsj_desktop"，在弹出的快捷菜单中选择"编辑"。

④在展开的图 8-29 所示组"组策略管理编辑器"控制台窗口中，选中左侧窗格的"用户配置"→"策略"→"管理模板：从本地计算机中检索的策略定义（ADMX 文件）"→"桌面"→"Active Desktop"。

⑤双击右侧窗格的"启用 Active Desktop"，在弹出窗口中选择"已启用"单选按钮。

⑥双击图 8-29 中的"桌面墙纸"，在图 8-30 所示窗口中选择"已启用"单选按钮，墙纸名称中输入共享的桌面墙纸"\\SRV01\share_docs\jsj_desk.jpg"。

客户端重新登录或重启后，桌面的墙纸会发生变化。而且桌面墙纸会处于被锁定状态，客户端无法任意修改。

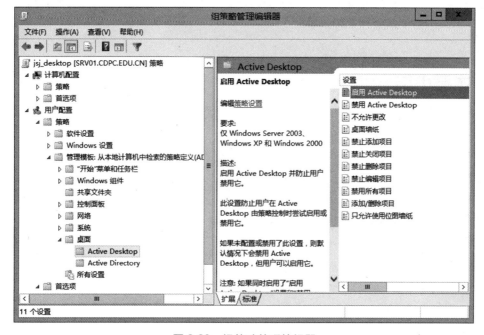

图 8-29　组策略管理编辑器

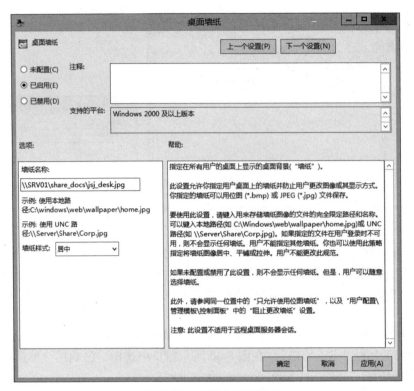

图 8-30　设置桌面墙纸

【说明】除了重启系统和重新登录可以刷新组策略外，还可以在客户端命令提示符下运行
"gpupdate /force"命令立刻刷新组策略。

本章小结

本章主要介绍了以下内容：

1. 活动目录的概念和功能。

2. 活动目录中的对象、结构、功能级别。

3. 活动目录的安装方法。

4. 计算机加入和退出域的方法。

5. 活动目录对象的管理方法。

6. 组策略的概念及配置方法。

课后练习

一、选择题

1. 活动目录不提供（　　　）功能。
   - A. 单点登录访问
   - B. 集成的安全性
   - C. 提供资源检索机制
   - D. 统一的 IP 地址管理

2. 域树中域及其子域的信任关系属于（　　　）。
   - A. 双向信任
   - B. 父域信任子域的单向信任
   - C. 子域信任父域的单向信任
   - D. 不信任

3. 组织单位（OU）不包括的活动目录对象有（　　　）。
   - A. 用户
   - B. 组
   - C. 计算机
   - D. 子域

4. 新添加的域用户默认属于（　　　）组。
   - A. Administrators
   - B. Users
   - C. Domain Users
   - D. Domain Admins

5. 以下（　　　）工具用来创建域用户。
   - A. ADSI 编辑器
   - B. Active Directory 管理中心
   - C. Active Directory 域和信任关系
   - D. 计算机管理

6. 域中存在的计算机不包括（　　　）。
   - A. 独立服务器
   - B. 域控制器
   - C. 成员服务器
   - D. 工作站

二、思考题

1. Windows Server 2012 R2 活动目录的安装步骤是什么？

2. 如何搜索和使用域内的资源？

3. 修改活动目录组策略，关闭密码复杂性策略。

实验指导

【实验目的】

掌握活动目录的配置和管理方法。

【实验环境】

2 台分别安装了 Windows Server 2012 R2 和 Windows 10 操作系统且可以联网的虚拟机或物理机。

【实验内容】

一、域控制器配置

1. 修改 Windows Server 2012 R2 的网络参数：IP 地址 192.168.10.10，子网掩码 255.255.255.0，DNS 地址 192.168.10.10 或 127.0.0.1。

2. 添加 Active Directory 域服务。

3. 将服务器提升为域控制器，域为 test.com。

4. 启动 Active Direcotry 管理中心，添加组织单位 jisuanji。

5. 在组织单位 jisuanji 内创建用户 student1 和 student2，并设置密码。

6. 发布一个共享文件夹。

7. 配置域组策略，统一修改客户端的桌面。

8. 配置一个组策略用于安装软件。

二、客户端配置

1. 修改 Windows 10 的网络参数：IP 地址 192.168.10.20，子网掩码 255.255.255.0，DNS 地址 192.168.10.10。

2. 在客户端上通过 student1 登录活动目录。

3. 在客户端上查找活动目录中的用户、组和共享文件夹。

4. 查看客户端桌面墙纸和组策略安装的软件。

第3篇

CentOS 7 系统运维与服务管理

    Linux 操作系统全称 GNU/Linux，最大魅力来源于其自由、开源的开放属性。在遵循 GPL 的基础上，用户可以自由修改、自由传播。Linux 被广泛应用于嵌入式领域、个人计算机、网络服务器、以及超级计算机在内的各种设备中。CentOS 7 作为一个企业级的 Linux 发行版，和 RedHat Enterprise Linux 7 全兼容，是全世界最受欢迎的发行版之一。

    本篇主要介绍了 CentOS 7 系统的安装方法、基本操作、账户和权限管理、Vi 编辑器用法、网络和防火墙配置方法，以及基于 CentOS 7 的 DHCP 服务器配置方法、DNS 服务器配置方法、Web 服务器配置方法等内容。

第9章

安装 CentOS 7

导学

CentOS 7 作为一种典型的 Linux 发行版，比较适合于做服务器操作系统。对于多数人来讲这是一种全新的网络操作系统，那么，它如何安装呢？

学习本章前，请思考：CentOS 7 的安装步骤是什么？安装过程中有哪些注意事项？

学习目标

1. 了解 CentOS 7 最新版本的获取方式。
2. 熟练 CentOS 7 虚拟机的创建方法。
3. 熟练掌握在物理机和虚拟机上安装 CentOS 7 的方法。

9.1 CentOS 7 安装步骤

•视频

安装 CentOS 7

9.1.1 CentOS 7 的安装方式

CentOS 7 提供了多种安装方式。总体来说分为两大类：本地安装和网络安装。

1. 本地安装

安装文件可以存储在光盘上，也可以存储在硬盘上。常规做法是将安装光盘镜像（ISO 文件）刻录成光盘，然后计算机从光盘引导，自动开始安装过程，这是最简单的做法。这种方式适合于单机或者小规模部署的情况。

2. 网络安装

安装文件被存储在专门的服务器上，计算机从网络启动并开始安装。这种方式需要配置专用的 PXE 服务器，适合于大规模批量部署的场景。

9.1.2　光盘安装 CentOS 7

如果已经准备了安装光盘，就可以为物理机或者虚拟机安装 CentOS 7 了。在这里为虚拟机安装 CentOS 7，可以使用光盘，也可以直接使用光盘镜像文件（*.ISO 文件）。因为 VMware WorkStation 可以为虚拟机的虚拟光驱直接加载光盘镜像，对虚拟机而言，加载的光盘镜像就是一张光盘。这种方式的安装步骤如下。

① 下载 CentOS 7 最新安装镜像到本地硬盘。

② 新建虚拟机，安装源选择"稍后安装操作系统"，虚拟机操作系统选择"Linux""CentOS 7 64 位"，如图 9-1 所示。其他参数默认，完成虚拟机创建。

图 9-1　虚拟机操作系统选择

③ 在虚拟机主界面左侧选中刚刚创建的虚拟机，如图 9-2 所示，单击中间的"CD/DVD"项。

图 9-2　虚拟机主界面

④在图 9-3 所示的选择光盘镜像界面,选择右侧"使用 ISO 镜像文件"单选按钮,单击"浏览"按钮,选择下载的 CentOS 7 最新版本镜像,然后单击"确定"按钮回到虚拟机主界面。

图 9-3　选择光盘镜像

⑤单击工具栏的"▶"按钮启动虚拟机,显示图 9-4 所示界面。用键盘控制选择"Install CentOS 7"项,按 [Enter] 键确认。这里默认选择项代表的是测试安装媒介然后安装,一般没必要测试,所以选第一项直接开始安装。

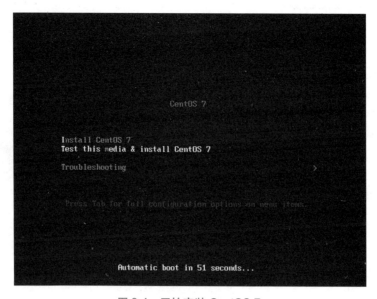

图 9-4　开始安装 CentOS 7

⑥在语言选择项，选择中文，如图 9-5 所示。当然，也可以根据自己的需要选择别的语言，比如英文。

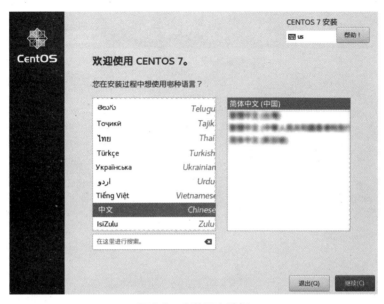

图 9-5　安装语言选择

⑦其他安装选项设置界面如图 9-6 所示。

图 9-6　安装选项设置

这一步主要设置日期时间、键盘布局、语言支持、软件选择、安装位置及分区、主机名设置等选项。

A. 日期和时间。日期和时间设置界面如图 9-7 所示。这里可以设置时区、时间、12 小时制或 24 小时制、日期等参数。设置完后单击"完成"按钮。

图 9-7　日期和时间设置

B. 键盘。用于选择键盘布局。

C. 语言支持。该项目用于选择语言支持，如图 9-8 所示，使用默认的简体中文即可。

图 9-8　选择语言支持

D. 安装源。对于虚拟机来讲，属于本地光盘安装，安装源不用修改。

E. 软件选择。用于选择安装的环境，默认情况下是最小安装，只包括最基础的 Linux 环境，没有图形用户界面 GUI。这里为了后续操作方便，如图 9-9 所示，选择"带 GUI 的服务器"环境。

图 9-9　基本环境选择

　　F. 安装位置。如图 9-10 所示，这一项是这一步唯一必须进行设置的选项，否则无法开始安装。这里只有一块磁盘，所以没有别的磁盘供选择。分区方案默认是自动分区，如果想在这一步进行自定义分区设置，可以选择"我要配置分区"单选按钮，此处不作修改，直接使用自动分区方式，然后单击"完成"按钮。

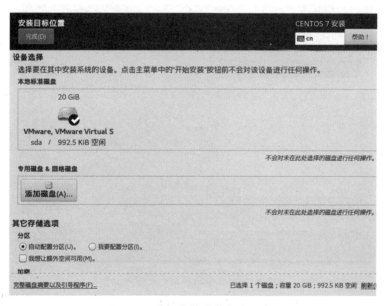

图 9-10　选择安装磁盘和分区选项

　　G. KDUMP。KDUMP 提供内核崩溃转储，当系统内核崩溃后用于捕获并记录系统信息，用于故障诊断，相当于飞机的"黑匣子"。但是这一步也需要额外占用一定系统资源，并且对一般管理人员用处并不大，这里可以关闭，如图 9-11 所示。

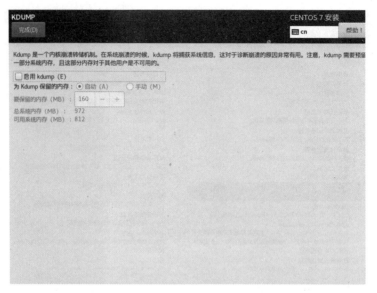

图 9-11 禁用 KDUMP

H. 网络和主机名。此项用于设置主机的名字和网络连接，如图 9-12 所示，默认主机名为 "localhost.localdomain"，可以不修改。默认以太网连接不启用，这会导致系统开机以后默认网络连接处于关闭状态，单击"关闭"可以启用网络连接。"配置"按钮用于配置网络连接参数，默认是自动获取 IP 地址，可以根据需要保留自动获取模式，也可以修改为静态 IP 地址。

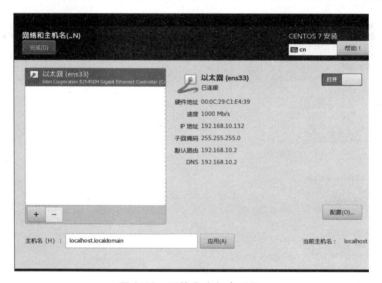

图 9-12 网络和主机名设置

⑧单击"开始安装"按钮开始软件包安装过程，如图 9-13 所示。

图 9-13　软件包安装

在软件包安装过程中，需要设置 root 用户密码，并创建一个日常使用的普通用户。

A. 设置 root 密码。单击"ROOT 密码"项，如图 9-14 所示，需要输入两遍密码。如果密码不符合复杂性要求，需要单击两次"完成"按钮进行确认。

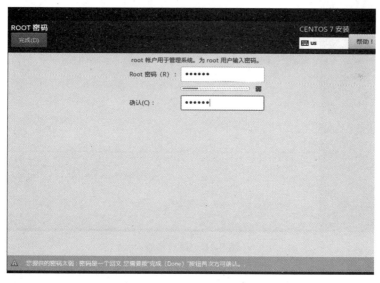

图 9-14　设置 ROOT 密码

B. 创建普通用户

单击"创建用户"项，如图 9-15 所示，添加一个普通用户。日常使用计算机推荐用这个普通用户登录系统，这样能避免许多危险操作，因为 root 用户的权限过大。

图 9-15　添加普通用户

⑨如图 9-16 所示，安装完成后，单击"重启"按钮重启系统。

图 9-16　重启系统

⑩第一次启动系统，需要同意许可协议如图 9-17 所示，单击"LICENSE INFORMATION"，勾选最下面的"我同意许可协议"复选框，单击"完成"按钮返回后，最后单击"完成配置"按钮。

⑪登录界面如图 9-18 所示。单击用户 jsj，输入密码就可以登录系统了。如果想用其他用户登录可以单击"未列出"后，直接输入用户名和密码进行登录。

⑫登录成功后，进入 CentOS 7 的桌面，如图 9-19 所示。

图 9-17　同意许可协议

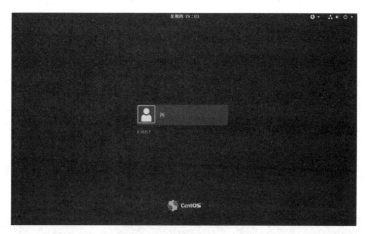

图 9-18　登录 CentOS 7

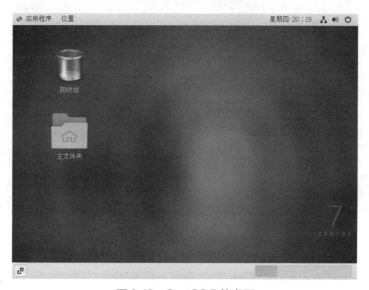

图 9-19　CentOS 7 的桌面

9.2 Linux 的操作环境

Linux 的操作环境有两种：GUI 和 CLI。

GUI 即 Graphical User Interface（图形用户界面），界面友好，适合对 Linux 的一般使用。对于灵活的系统管理，一般使用 CLI。

CLI 即 Command-Line Interface（命令行界面），是管理 Linux 系统的主要方式，是使用广泛的用户界面，本书所有操作均通过这种方式进行。

9.3 通过 CLI 使用 Linux

●视频

通过CLI使用
Linux

通过图形用户界面操作 Linux 的界面如图 9-19 所示，相对比较简单，但是 Linux 的图形界面并不能满足对 Linux 系统灵活的管理需求。在 CLI 下可以灵活高效快速地运行各种命令、脚本和应用程序。

Linux 系统的 CLI 环境可以通过三种方式实现虚拟终端、仿真终端和远程连接。三种方式都可以使用 CLI 运行各种命令和程序。

9.3.1 虚拟终端

虚拟终端的进入方式取决于 Linux 安装方式。如果最小化安装，则开机后直接会进入一个虚拟终端。如果默认操作环境是图形界面，需要按组合键 [Ctrl+Alt+F2…F6] 进入虚拟终端，如图 9-20 所示。

图 9-20　虚拟终端

每个虚拟终端都可以独立执行命令，也需要输入合法的用户名和密码单独登录。这里输入密码时不带回显，不要期望输入密码时看到"*"符号，屏幕不会有任何显示。CentOS 7 默认提供了 6 个虚拟终端，可以按 [Alt+F1…F6] 在 6 个虚拟终端间切换。

【注意】如果安装了图形界面，则第一个虚拟终端会被图形界面占用，即按 [Alt+F1] 组合键会返回图形界面。

9.3.2　仿真终端

仿真终端是图形界面下的一个窗口。利用仿真终端可以在不关闭图形界面的情况下，同时启动多个命令窗口。根据需要用户可以随时切换这些窗口。

仿真终端的启动方法是依次单击桌面左上角的"应用程序"→"系统工具"→"终端"，也可以右击桌面空白处，在弹出的快捷菜单中选择"打开终端"。仿真终端启动后的界面如图 9-21 所示。

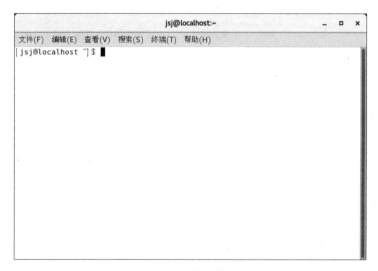

图 9-21　仿真终端

9.3.3　远程连接

在 Windows 下远程连接 Linux 需要使用支持 SSH 协议的专用客户端，比如 Putty、SecureCRT 等。前者属于免费软件，后者属于商业软件。

SecureCRT 启动后的界面如图 9-22 所示。

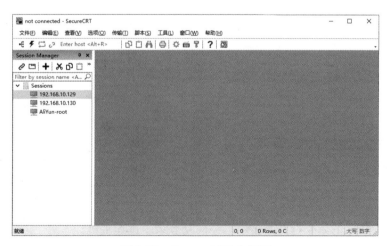

图 9-22　SecureCRT 主界面

连接过程如下：

①在 Linux 下启动一个仿真终端，输入命令 #ip a，查看本机的 IP 地址，如图 9-23 所示。这里 IP 地址是 192.168.10.132。

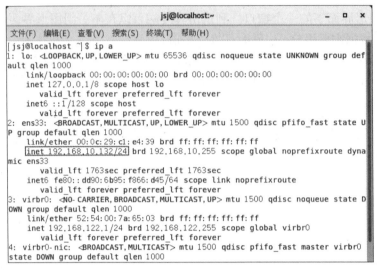

图 9-23　查看 Linux IP 地址

②在 SecureCRT 主界面中依次单击菜单栏中的"文件"→"快速连接"，打开"快速连接"对话框，如图 9-24 所示。主机名后输入目标 Linux 的 IP 地址"192.168.10.132"，用户名输入"jsj"。实际操作中，IP 地址和用户名应与自己的实际情况一致。单击"连接"按钮。

③在"新建主机秘钥"对话框中单击"接受并保存"按钮。

④ 在图 9-25 所示的对话框中，输入用户的密码。如果勾选"保存密码"复选框，则 SecureCRT 会保存这个密码，下次登录该主机可以免密直接登录。

图 9-24　"快速连接"对话框　　　　　　　　　　　图 9-25　密码输入

⑤出现图 9-26 所示的命令行界面表示已经成功登录了远程主机。

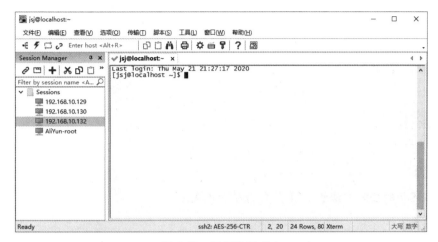

图 9-26　远程连接成功

本章小结

本章主要介绍了以下内容：

1. CentOS 7 安装方法：本地安装和网络安装。
2. CentOS 7 安装步骤。
3. Linux 用户界面：GUI 和 CLI。
4. 通过 CLI 操作 Linux 的方法。

课后练习

一、选择题

1. CentOS 7 的安装方式不包括（　　　）。

    A. 硬盘安装　　　　　　B. 光盘安装　　　　　　C. 网络安装　　　　　　D. 软盘安装

2. 在 CentOS 7 的安装过程中，相对最靠后的步骤是（　　　）。

    A. 语言选择　　　　　　B. 复制软件包　　　　　C. 安装位置选择　　　　D. 软件选择

3. 图形用户界面和命令行界面的英文简称分别是（　　　）。

    A. CLI 和 GUI　　　　　　　　　　　　　B. GUI 和 X-Window

    C. GUI 和 CLI　　　　　　　　　　　　　D. Windows 和 CLI

4. 使用 Linux CLI 的方法不包括（　　　）。

    A. 虚拟终端　　　　　　　　　　　　　　B. 远程连接

    C. 用户终端　　　　　　　　　　　　　　D. 仿真终端

二、思考题

1. CentOS 7 的安装步骤是什么？

2. 什么叫虚拟终端？

实验指导

【实验目的】

掌握 CentOS 7 的安装方法和 CLI 界面的启动方式。

【实验环境】

1. 安装了 Windows 10 操作系统的主机一台。

2. 主机已经安装了 VMware WorkStation 虚拟软件。

3. 主机上已经下载了最新版的 CentOS 7 光盘镜像。

【实验内容】

1. 启动 VMware WorkStation，创建一台虚拟机用于安装 CentOS 7。

2. 设置 CentOS 7 的光驱模式，从主机上加载 CentOS 7 安装光盘镜像。

3. 在虚拟机上安装 CentOS 7，要求如下：

（1）软件选择最小化安装。

（2）关闭 KDUMP。

（3）语言选择英文。

（4）时区中国。

（5）在安装过程中设置 root 用户密码，创建普通用户 jsj，所有密码自拟。

（6）自动分区。

（7）设置网卡为启动，设置静态 IP 地址 192.168.1.100/24。

4. 安装后重启系统，在命令行下输入用户名和密码登录系统。

第 10 章

Linux 基础操作

导学

上一章进行了 Linux 系统的安装，也见到了 Linux 的 GUI，并能够通过三种方法使用 CLI。但是如果进行 CLI 具体操作就会发现无从下手，不知道 Linux 系统的目录结构，也不懂常用的操作命令。

学习本章前，请思考：什么是 Shell？ Linux 下有哪些常见命令？Linux 的目录结构和 Windows 系统有哪些区别？

学习目标

1. 掌握 Shell 的概念和作用、命令提示符的格式。
2. 熟练掌握常用 Linux 命令、常用 Linux 文件管理命令。
3. 了解 Linux 的目录结构、FHS 的概念。
4. 掌握相对路径和绝对路径的使用方法。

10.1 Shell 和命令基础

10.1.1 Shell 概述

Shell 是 Linux 的命令解释器，是用户使用 Linux 的桥梁，它为用户使用操作系统提供了操作界面。Shell 也是一个程序，当用户执行命令时，Shell 负责解释这个命令，并告诉内核执行哪些操作。用户、Shell 和内核的关系如图 10-1 所示。

Linux 的 Shell 同时也有编程语言的特性，不同类型的 Shell 支持不同格式的命令。把多个命令加上变量、流程控制语句等元素可以编写成 Shell 脚本，实现相对复杂的操作。Linux 支持的 Shell 有 bash、sh、ksh、csh、zsh 等类型，默认的 shell 是 bash，这是现在应用最广泛的 Shell 程序。

使用 Shell 有两种方式。

1. 执行 Shell 命令

这种方式简洁、有效，但是只能胜任简单的工作，并且输入的命令也不能实现重用。

2. 执行 Shell 脚本

脚本文件中包括多个命令以及流程控制结构，能够胜任相对复杂的工作。脚本文件直接存储在磁盘上，可以直接执行，能方便地实现代码重用。

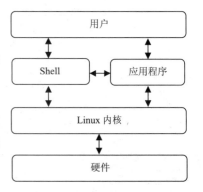

图 10-1　Linux 系统结构

10.1.2　Shell 命令基础

1. 命令提示符

命令提示符是提示用户输入命令的一组提示性符号。用户只有看到命令提示符后才能输入并执行各种命令。命令提示符的格式如下：

```
[ 当前登录用户名 @ 计算机名  当前路径 ] $
```

【格式说明】

①当前路径表示当前所处的工作路径，访问当前路径下的文件只需要写出文件名，访问其他目录下文件需要加上路径信息。

②"$" 说明当前登录用户属于普通用户，管理员账号 root 登录后这个符号会变成 "#"。

启动 Shell 后最常看到的命令提示符如图 10-2 所示。

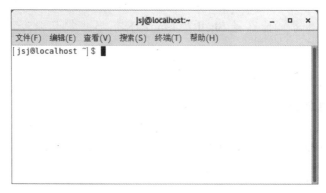

图 10-2　命令提示符

【说明】 图 10-2 看到的命令提示符里当前路径显示为 "~"，这个符号代表当前用户的家目录。

2. 家目录

每个用户拥有一个独立的家目录，用于存储用户自己的文件和配置信息。可以使用 pwd 命令查看当前目录。如果现在正处在家目录，则 pwd 看到的是当前用户的家目录。如图 10-3 所示，普通用户 jsj 的家目录是 "/home/jsj"。

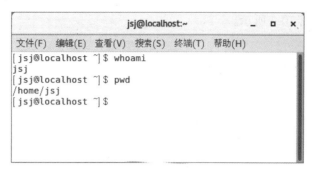

图 10-3　查看当前目录

root 用户的家目录是"/root"，普通用户的家目录是"/home/ 用户名"。

3. Linux 区分大小写

Linux 的命令和文件区分大小写。例如文件 File、file、FILE 都属于完全不同的文件，它们可以同处一个目录下。

4. 常用热键

① [Ctrl+C] 组合键：强制终止正在运行的命令或程序。

② [Ctrl+D] 组合键：正常结束键盘输入、文件输入。注意和 [Ctrl+C] 组合键进行区分。[Ctrl+D] 组合键属于正常结束输入，而不是强制终止命令。

③ [Tab] 键：命令、文件名自动补齐。即便是一个十分熟练的 Linux 管理员也难以避免输入错误，所以在 CLI 下书写命令必须养成常按 [Tab] 键的习惯，这有两个好处：

● 自动补齐参数可以极大地加快命令的书写速度。

● 利用自动补齐特性可以随时检测输入的命令或文件名是否正确。

5. 通配符

通配符一般用于对文件名或路径的部分模糊匹配。Linux 下常用的通配符有两个："*"和"？"。"*"可以匹配任意长度任意字符串（含空串），"？"可以匹配任意一个字符。

例如：

```
$ls /etc/host*              # 列出 /etc 目录下所有以 host 开头的文件
$ls /etc/sysconfig/?d*      # 列出 /etc/sysconfig 目录下第二个字符为 d 的文件
```

6. 输出重定向

重定向包括输入重定向和输出重定向，输出重定向还包括标准输出重定向和标准错误输出重定向。这里只讨论标准输出重定向。

命令格式：

```
$ 命令语句   >|>>   < 文件 >
```

【格式说明】

① > ：重定向输出到文件，该文件不必存在，如果已经存在则会被覆盖。

② >> ：重定向输出追加到文件末尾。该文件如果不存在则自动创建，如果存在则输出内容会追加到文件末尾，不会覆盖已有文件内容。

③ < 文件 > ：保存命令输出结果的文件，该文件会被自动创建。

例如：列出当前目录文件，并把结果重定向到 list.txt 文件中。

命令及执行结果如图 10-4 所示。

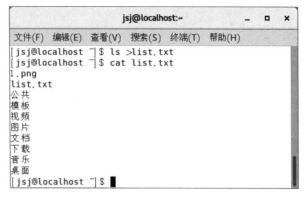

图 10-4　重定向输出

【说明】cat 命令用于输出一个文件的内容。

下面再列举一个案例。

```
[jsj@localhost ~]$ date                    #输出系统日期和时间
2020 年 05 月 24 日 星期日 14:38:01 CST
[jsj@localhost ~]$ date >date.txt
[jsj@localhost ~]$ date >>date.txt
[jsj@localhost ~]$ ls
date.txt  公共  模板  视频  图片  文档  下载  音乐  桌面
[jsj@localhost ~]$ cat date.txt                    #输出 date.Lxt 文件内容
2020 年 05 月 24 日 星期日 14:38:12 CST
2020 年 05 月 24 日 星期日 14:38:21 CST
```

7. 管道

管道符号为"|",可以用于连接多个命令。管道符号使得左边命令的输出成为右面命令的输入。管道可以组合多条命令，实现更复杂的功能。

管道命令的格式：

```
命令 1 | 命令 2 | … | 命令 n
```

【示例】只显示当前目录下 date.txt 文件的详细信息。

```
[jsj@localhost ~]$ ls -l                  #长列表形式显示当前目录下文件列表信息
总用量 4
-rw-rw-r--. 1 jsj jsj 86 5 月  24 14:38 date.txt
drwxr-xr-x. 2 jsj jsj  6 5 月  21 19:05 公共
drwxr-xr-x. 2 jsj jsj  6 5 月  21 19:05 模板
drwxr-xr-x. 2 jsj jsj  6 5 月  21 19:05 视频
drwxr-xr-x. 2 jsj jsj 53 5 月  24 12:14 图片
drwxr-xr-x. 2 jsj jsj  6 5 月  21 19:05 文档
drwxr-xr-x. 2 jsj jsj  6 5 月  21 19:05 下载
drwxr-xr-x. 2 jsj jsj  6 5 月  21 19:05 音乐
drwxr-xr-x. 2 jsj jsj  6 5 月  21 19:05 桌面
[jsj@localhost ~]$ ls -l|grep date.txt                #grep 为过滤命令
-rw-rw-r--. 1 jsj jsj 86 5 月  24 14:38 date.txt
```

10.2 Linux 实用命令

10.2.1　Linux 基本操作命令

视频●┈┈┈┈

Linux 系统的命令众多，最常使用的命令有 ls、pwd、cd、touch、date、clear、history、man、help、su、sudo、top、uname、reboot、poweroff 等。

Llnux实用命令
介绍
●┈┈┈┈

1. ls 命令——显示文件列表

命令行不同于图形用户界面，命令行界面如果想查看一个目录内的文件列表需要用 ls 命令查看，而不是自动显示。

命令格式：

```
ls [选项] [目录]
```

【格式说明】

①目录：为可选项，如果省略则默认为当前路径。

②选项：ls 命令选项较多，常用选项用法如表 10-1 所示。

表 10-1　ls 命令常用选项

选　项	功　能
-a	显示所有文件，包括文件名以"."开头的隐藏文件
-l	这里是字母"l"而不是数字"1"，长列表形式显示文件列表
-d	直接列出目录属性，而不是它包含的文件列表
-h	与"-l"连用，在显示文件大小的时候使用易读的单位，否则不管文件多大都以字节为单位
-t	按修改时间排序，默认按文件名排序
-r	逆序排列

【注意】

① Linux 的命令可以使用多个选项，多个选项只需要写一个"-"。

②选项的使用不分先后顺序。

③ Linux 隐藏文件是通过在文件名前加"."实现的。

【示例】以长列表形式显示 jsj 用户主目录下所有文件信息，命令及运行结果为：

```
[jsj@localhost ~]$ ls -l /home/jsj
总用量 4
-rw-rw-r--. 1 jsj jsj 86 5月  24 14:38 date.txt
drwxr-xr-x. 2 jsj jsj  6 5月  21 19:05 公共
drwxr-xr-x. 2 jsj jsj  6 5月  21 19:05 模板
drwxr-xr-x. 2 jsj jsj  6 5月  21 19:05 视频
drwxr-xr-x. 2 jsj jsj 53 5月  24 12:14 图片
drwxr-xr-x. 2 jsj jsj  6 5月  21 19:05 文档
drwxr-xr-x. 2 jsj jsj  6 5月  21 19:05 下载
drwxr-xr-x. 2 jsj jsj  6 5月  21 19:05 音乐
drwxr-xr-x. 2 jsj jsj  6 5月  21 19:05 桌面
```

2. pwd——显示当前路径

命令格式：

```
pwd
```

【示例】显示当前目录，命令及运行结果为：

```
[jsj@localhost ~]$ pwd
/home/jsj
```

3. cd——切换当前目录

命令格式：

```
cd [路径]
```

路径可以是相对路径，也可以是绝对路径。

【示例】切换当前路径为 /etc，命令及运行结果为：

```
[jsj@localhost ~]$ cd /etc
[jsj@localhost etc]$ pwd
/etc
```

4. touch——创建文件或改变文件修改时间

命令格式：

```
touch 文件
```

文件如果不存在则创建该文件，如果已经存在则更改文件的修改时间为当前时间，支持通配符。

【示例】在当前目录下创建文件 f1、f2，命令及运行结果为：

```
[jsj@localhost ~]$ touch f1 f2
[jsj@localhost ~]$ ls
f1   f2   公共   模板   视频   图片   文档   下载   音乐   桌面
```

5. date——显示当前日期和时间

命令格式：

```
date [选项] [格式]
```

通常使用无参的 date，用于显示系统当前的日期和时间。

【示例】显示当前的日期和时间，命令及运行结果为：

```
[jsj@localhost ~]$ date
2020 年 05 月 24 日 星期日 20:52:41 CST
```

6. clear——清除屏幕

命令格式：

```
clear
```

7. history——显示命令执行历史

命令格式：

```
history [N]
```

N 是一个正整数，代表显示最近执行的 N 条记录。如果省略则显示所有执行历史。

【示例】显示最后执行的 4 条命令，命令及运行结果为：

```
[root@aliyun-don ~]# history 4
 994  cd wordpress
```

```
995  ls -l
996  exit
997  cat /var/log/secure|grep 'failure'
```

8. man——显示在线帮助

命令格式：

```
man <命令>
```

【示例】使用 man 命令查看 ls 的帮助，命令为：

```
[root@aliyun-don ~]# man ls
```

9. help——系统帮助文档

一般有两种用法：

命令格式 1：

```
help <命令>
```

命令格式 2：

```
<命令> --help
```

help 命令相对来说显示的帮助信息比较简洁，而 man 显示的信息比较完整，篇幅较大。

【示例】查看 ls 命令的帮助信息，命令及运行结果为：

```
[root@aliyun-don ~]# ls --help
Usage: ls [OPTION]... [FILE]...
List information about the FILEs (the current directory by default).
Sort entries alphabetically if none of -cftuvSUX nor --sort is specified.

Mandatory arguments to long options are mandatory for short options too.
  -a, --all                  do not ignore entries starting with .
  -A, --almost-all           do not list implied . and ..
      --author               with -l, print the author of each file
```

10. su——切换用户账号

命令格式：

```
su [-] [用户名]
```

【格式说明】

① - ：使用户 Shell 成为登录 Shell，一般推荐使用此选项。

②用户名：切换的用户账号，如果省略则默认为 root。root 用户切换到其他账号不需要输入密码。普通用户切换到其他账号需要输入密码。

【说明】

切换账号后输入 "exit" 命令可以退回到原账号。

【示例】切换到 root 用户，命令及运行结果为：

```
[jsj@localhost ~]$ su - root
密码：                                            # 输入密码时无回显
上一次登录：日 5 月 24 17:27:44 CST 2020pts/2 上
[root@localhost ~]#
```

11. sudo——以管理员身份运行命令

命令格式：

```
sudo 命令
```

【示例】使用 sudo 以管理员身份显示 /etc/shadow 内容，命令及运行结果为：

```
[jsj@localhost ~]$ cat /etc/shadow
cat: /etc/shadow: 权限不够
 [jsj@localhost ~]$ sudo cat /etc/shadow
[sudo] jsj 的密码：                                    #输入当前用户密码
root:$6$FMinhqnqZ3wR0CA/$W/xf0U8A1wWFys5M0W/0VZPvxPauZsLpnfK5TI8Sp.
t1Rj75XeXkPK9XHWt/daiXYu8qZBbK/HHiFnf.sk9O21::0:99999:7:::
bin:*:18353:0:99999:7:::
daemon:*:18353:0:99999:7:::
...
```

【注意】

① 并非所有用户都可以使用 sudo 命令，从某种意义上讲，能使用 sudo 的用户也拥有管理员权限。

② 只有把某用户加入 wheel 组，该用户才能使用 sudo 命令。

③ su 和 sudo 的区别：前者必须输入管理员密码，而后者只需要输入当前用户密码。

12. top——动态显示进程及资源占用情况（命令格式 略）

13. uname——查看系统信息

命令格式：

```
uname [ 选项 ]
```

【格式说明】

各选项的功能如表 10-2 所示。

表 10-2　uname 命令选项

选　项	功　　能	选　项	功　　能
-r	显示内核版本号	-o	显示操作系统名称
-s	显示内核名称	-a	显示所有信息
-m	显示主机硬件架构名称		

【示例】查询当前系统内核版本，命令及运行结果为：

```
[jsj@localhost ~]$ uname -r
3.10.0-1127.8.2.el7.x86_64
```

14. reboot——重启系统

命令格式：

```
reboot
```

15. poweroff——关机

命令格式：

```
poweroff
```

10.2.2　Linux 文件操作命令

Linux 命令可以对文件进行很多种操作，除了上面介绍过的 ls、pwd、cd 和 touch 外，还有 mkdir、rmdir、rm、cp、mv、cat、less、grep、head、tail、whereis 等。此外，还可以使用 df 命令查看文件系统信息、du 查看目录空间占用情况。

1. mkdir——创建目录

命令格式：

```
mkdir [选项] 目录1 [目录2] ...
```

选项的功能如表 10-3 所示。

表 10-3　mkdir 命令选项

选　项	功　　能
-p	级联创建目录

【示例】创建目录 /dir1/dir2，命令及运行结果为：

```
[jsj@localhost ~]$ mkdir /dir1/dir2          # 父目录 /dir1 不存在，所以提示错误
mkdir: 无法创建目录" /dir1/dir2"：没有那个文件或目录
[jsj@localhost ~]$ mkdir -p /dir1/dir2        #-p 表示级联创建目录
[jsj@localhost ~]$ tree /dir1                 #tree 命令需要先安装
/dir1
└── dir2

1 directory, 0 files
```

2. rmdir——删除空目录

命令格式：

```
rmdir [选项] 目录1 [目录2] ...
```

选项的功能如表 10-4 所示。

表 10-4　rmdir 命令选项

选　项	功　　能
-p	级联删除目录，即删除目录后，如果其父目录为空则一并删除

【注意】rmdir 只能删除空目录，非空目录无法通过这个命令删除。

3. rm——删除文件或目录

命令格式：

```
rm [选项] 文件1 [文件2] ...
```

选项的功能如表 10-5 所示。

表 10-5　rm 命令选项

选　项	功　　能
-r	删除目录及其包含的文件
-i	交互模式，每次删除之前提示
-f	无提示强制删除，目标不存在时也不提示错误

【示例】无提示强制删除 /opt/dir1 目录和家目录下所有 a 开头的文件，命令为：

```
[jsj@localhost ~]$ rm -rf /opt/dir1 ~/a*
```

【说明】~ 代表当前用户家目录，当前登录用户 jsj 的家目录为 /home/jsj。

4. cp——复制文件或目录

命令格式：

```
cp [选项] 源文件 ... 目录
```

选项的功能如表 10-6 所示。

表 10-6　cp 命令选项

选　项	功　　能
-r	复制目录及其子目录和文件
-f	无提示强制复制（目标文件如果存在会被覆盖）
-i	覆盖前询问
-n	目标文件如果存在则不覆盖（使 -i 选项失效）
-u	只在源文件更新或者目标文件不存在时才复制
-v	显示详细的复制过程
-p	与文件属性一起复制

【示例】以 root 用户身份进行复制操作。

```
[root@localhost ~]# cp f1 /opt              # 把 f1 文件复制到 /opt 目录下
[root@localhost ~]# cp f1 /opt              # 目标文件如果已存在会询问是否覆盖
cp: 是否覆盖"/opt/f1"？ y
[root@localhost ~]# cp -rf /opt /home       # 无提示把 /opt 目录整个复制到 /home 目录下
[root@localhost ~]# cp -rf /opt/* /dir1     # 把 /opt 目录下的所有文件和子目录复制到 /dir 目录下
[root@localhost ~]# cp -fv /var/log/mail* /dir1 # 把 /var/log 目录下所有 mail 开头文件复制到 /dir1 目录下，复制时提示复制过程
"/var/log/maillog" -> "/dir1/maillog"
"/var/log/maillog-20200524" -> "/dir1/maillog-20200524"
[root@localhost ~]# cp f1  /opt/f11         # 把 f1 文件复制到 /opt 下，并改名为 f11
```

【注意】root 账号默认使用的 cp 是 "cp -i" 的别名，要想用回原版 cp 需要使用 "\cp"。

5. mv——移动文件或目录

命令格式：

```
mv [选项] 源文件 ... 目录
```

选项的功能如表 10-7 所示。

表 10-7　mv 常用选项

选　项	功　　能	选　项	功　　能
-f	强制移动，覆盖前不询问	-u	仅当目标不存在或源文件更新时移动
-i	覆盖前询问	-n	不覆盖已存在文件

【注意】如果出现了 -i、-n、-f 三个参数中的多个，仅最后一个参数生效。

【示例】切换 root 账号，使用 mv 命令进行文件移动操作。

```
[jsj@localhost ~]$ su -                          # 切换 root 账号
密码：
上一次登录：日 5月 24 21:56:08 CST 2020pts/1 上
[root@localhost ~]# mv f1 /dir1                  #f1 文件移动到 /dir1 目录下
[root@localhost ~]# mv f2 /dir1/f22              #f2 文件移动到 /dir1，并重命名为 f22
[root@localhost ~]# mv -f /dir1 /home            #/dir1 目录强制移动到 /home 目录下
[root@localhost ~]# exit                         # 退回到原登录账号
登出
[jsj@localhost ~]$
```

6. cat——输出文件或标准输入的内容到标准输出

命令格式：

```
cat [ 文件 ]...
```

【示例】显示 /etc/hostname 文件内容，命令及运行结果为：

```
[jsj@localhost ~]$ cat /etc/hostname
localhost.localdomain
```

7. less——分屏输出文件或标准输入的内容到标准输出

命令格式：

```
less [ 文件 ]
```

【示例】分屏显示 /etc/passwd 文件的内容，命令为：

```
[jsj@localhost ~]$ less /etc/passwd
```

运行结果如图 10-5 所示。

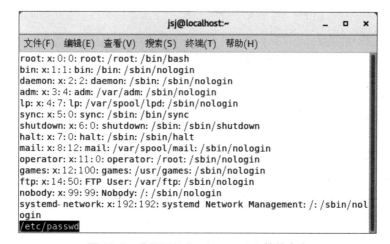

图 10-5　分屏显示 /etc/passwd 文件的内容

less 的常用命令如表 10-8 所示。

表 10-8　less 常用命令或热键

命　　令	功　　能	命　　令	功　　能
pageup	上翻页	/关键字	查找并定位到关键字所在位置
pagedown、空格	下翻页	n	查找下一个关键字
方向键上	上翻一行	q	退出
方向键下	下翻一行		

8. grep——输出匹配给定模式的行

命令格式：

```
grep [选项] 模式字符串 [文件]…
```

【示例】使用 grep 过滤输出 /etc/passwd 文件中包含 root 的行，命令及输出结果为：

```
[jsj@localhost ~]$ grep root /etc/passwd
root:x:0:0:root:/root:/bin/bash
operator:x:11:0:operator:/root:/sbin/nologin
```

9. head——输出文件的前几行

命令的功能是输出文件的前几行，默认输出 10 行。

命令格式：

```
head [-n] [文件]…
```

【示例】分别输出 /etc/passwd 文件的前 2 行和前 10 行，命令及输出结果为：

```
[jsj@localhost ~]$ head -2 /etc/passwd
root:x:0:0:root:/root:/bin/bash
bin:x:1:1:bin:/bin:/sbin/nologin

[jsj@localhost ~]$ head /etc/passwd
root:x:0:0:root:/root:/bin/bash
bin:x:1:1:bin:/bin:/sbin/nologin
daemon:x:2:2:daemon:/sbin:/sbin/nologin
…
```

10. tail——输出文件的后几行

命令的功能是输出文件的后几行，默认输出 10 行，这个命令比较常用于查看日志文件。

命令格式：

```
tail [-n] [文件]…
```

【示例】输出 /var/log/messages 文件的最后 1 行，命令及输出结果为：

```
[jsj@localhost ~]$ sudo tail -1 /var/log/messages
[sudo] jsj 的密码：     #输入jsj用户密码
May 25 20:45:21 localhost systemd: Started Fingerprint Authentication Daemon.
```

【说明】默认普通用户 jsj 无权读取日志文件，所以使用 sudo 临时启用管理员权限执行该命令。

11. whereis——查找命令的二进制文件、源文件和手册文件的位置

命令格式：

```
whereis [选项] <命令>...
```

whereis 的常用选项如表 10-9 所示。

表 10-9　whereis 常用选项

选　项	功　　能	选　项	功　　能
-b	只搜索二进制文件	-s	只搜索源代码
-m	只搜索 man 手册		

【示例】查找 cp 和 mv 命令文件和手册的位置，命令及输出结果为：

```
[jsj@localhost ~]$ whereis -bm cp mv
cp: /usr/bin/cp /usr/share/man/man1/cp.1.gz /usr/share/man/man1p/cp.1p.gz
mv: /usr/bin/mv /usr/share/man/man1/mv.1.gz /usr/share/man/man1p/mv.1p.gz
```

【说明】查找命令的路径还有一个更简单的命令——which。

12. df——查看文件系统信息

命令格式：

```
df [选项] [文件]...
```

【格式说明】

①文件可以省略，如果省略则显示整个文件系统信息，否则显示文件所在文件系统信息。

②常用选项如表 10-10 所示。

表 10-10　df 常用选项

选　项	功　　能	选　项	功　　能
-h	人性化方式显示容量单位	-l	只显示本机的文件系统
-T	显示文件系统类型		

【示例】显示本机的文件系统信息，命令及输出结果为：

```
[jsj@localhost ~]$ df -hlT
文件系统                      类型          容量    已用   可用   已用%  挂载点
devtmpfs                    devtmpfs      470M    0      470M   0%    /dev
tmpfs                       tmpfs         487M    0      487M   0%    /dev/shm
tmpfs                       tmpfs         487M    15M    472M   4%    /run
tmpfs                       tmpfs         487M    0      487M   0%    /sys/fs/cgroup
/dev/mapper/centos-root     xfs           17G     4.0G   14G    24%   /
/dev/sda1                   xfs           1014M   171M   844M   17%   /boot
```

13. du——查看目录空间占用情况

命令格式：

```
du [选项] [文件]...
```

【格式说明】

①文件可以省略，如果省略则显示当前目录的空间占用情况。

②常用选项如表 10-11 所示。

表 10-11　du 常用选项

选　项	功　能	选　项	功　能
-c	计算总大小	-d	统计子目录的层数
-h	人性化方式显示容量单位	-s	只统计目录总大小

【示例】统计 /boot 和 /usr 目录大小，命令及输出结果为：

```
[jsj@localhost ~]$ sudo du -sh /boot /usr        # 这里使用 sudo，因为 jsj 的权限不足
[sudo] jsj 的密码：                               # 输入 jsj 用户密码
139M    /boot
3.6G    /usr
```

10.3　Linux 目录结构

Linux 的文件系统有全局唯一的根目录"/"，所有的文件、目录、设备等都在根目录下。所以谁拥有了根目录，谁就拥有了整个 Linux 系统。于是，Linux 的管理员被称作"root"（根用户）。

作为一个开源操作系统，为了避免目录功能混淆，统一制定了文件系统层次标准，简称 FHS，即 Filesystem Hierarchy Standard。FHS 定义了 Linux 两层目录标准，第一层针对根目录，第二层针对 /usr 和 /var 目录。这里重点探讨第一层。

FHS 制定的第一层目录结构如图 10-6 所示。

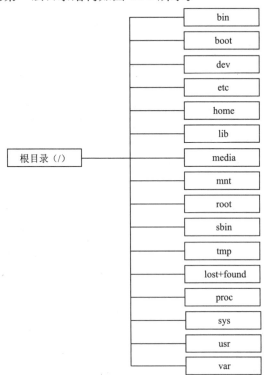

图 10-6　Linux 目录结构

【注意】lost+found、proc 和 sys 目录并非 FHS 规定的标准目录，但是在 Linux 系统中普遍使用，所以在这也列出来一并介绍。

每个标准目录都有特定的用途，各个目录的功能如表 10-12 所示。

表 10-12　FHS 目录及其功能

目　录	功　能
/bin	放置一般用户使用的命令
/boot	放置系统内核和引导程序
/dev	硬件设备目录
/etc	系统配置文件存放目录
/home	普通用户家目录所在目录
/lib	函数库目录
/media	移动存储介质挂载目录，如光盘、U 盘等
/mnt	暂时挂载目录，作用和 /media 类似
/root	系统管理员 root 家目录
/sbin	存放系统管理命令
/tmp	临时文件目录，系统重启后该目录将被清空
/lost+found	文件系统发生错误时，丢失的文件碎片将放置在这个目录
/proc	虚拟文件系统，存放内核、进程、设备等的状态信息
/sys	虚拟文件系统，用于获取和配置系统的硬件和内核信息
/usr	系统软件资源目录，存储了绝大多数的操作系统软件，所以该目录比较大，usr 是 Unix Software Resource 的缩写
/var	存储经常变化的内容，如缓存、日志等

【注意】CentOS 7 系统中 /bin、/lib、/lib64、/sbin 4 个目录只是一个符号链接，它们链接的对象分别是 /usr/bin、/usr/lib、/usr/lib64 和 /usr/sbin。

在 Linux 系统中存在 4 个特殊目录名，分别是 "."、".."、"~" 和 "-"，它们的含义是：

- "." 目录：隐藏目录，存在于任何目录下，代表当前目录。
- ".." 目录：隐藏目录，存在于任何目录下，代表当前目录的父目录。
- "~" 目录：代表当前用户的家目录，不同用户该符号代表的路径不同，因为不同用户的家目录不同。
- "-" 目录：代表上一次的工作目录，"cd -" 相当于返回上一次工作目录。

【注意】当访问的目录名中包含空格时，应该使用双引号或单引号把目录名括起来，或者在空格前加转义字符 "\"。

10.4 路径

路径就是文件在文件系统中的位置。描述路径的方式有两种：绝对路径和相对路径。以根目录 "/" 开始的路径为绝对路径；相对于当前目录开始的路径为相对路径。

例如有图 10-7 所示的目录结构。

①如果当前目录为 /home/don，则进入 pat 目录的方法为：

* 使用绝对路径：cd /home/pat。
* 使用相对路径：cd ../pat。

②如果当前目录为 /wordpress，使用 vim 编辑器打开 file.txt 的方法为：

* 使用绝对路径：vim /home/pat/file.txt。
* 使用相对路径：vim ../home/pat/file.txt。

③如果当前目录为 /home/pat，用相对路径把 createuser.sh 复制到 don 目录的命令为：

```
cp -p ../../wordpress/createuser.sh ../don
```

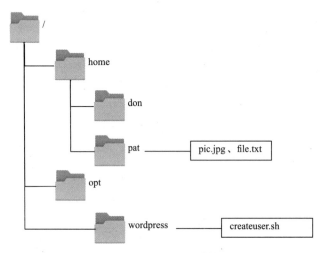

图 10-7　示例目录结构

【说明】cp 命令的 -p 选项表示在复制文件时保留原属性。

本章小结

本章主要介绍了以下内容：

1. Shell 的概念和类型，常用 Shell bash。

2. 命令提示符概念和格式、家目录的概念、常用热键、重定向、管道。

3. Linux 常用命令，如 ls、pwd、cd、touch、date、clear、history、man、help、su、sudo、top、uname、reboot、poweroff 等。

4. Linux 常用文件管理命令，如 mkdir、rmdir、rm、cp、mv、cat、less、grep、head、tail、whereis 等。

5. Linux 目录结构标准 FHS 及常见目录的功能。

6. 四个特殊目录："."".."".~"".-"。

7. 相对路径和绝对路径的概念和用法。

课后练习

一、选择题

1. CentOS 7 的默认 Shell 是（　　　　）。
   A. sh
   B. csh
   C. bash
   D. ksh

2. 删除一个非空目录应该使用命令（　　　　）。
   A. rm
   B. rmdir
   C. del
   D. drop

3. root 用户登录后看到的命令提示符是（　　　　）。
   A. $
   B. #
   C. &
   D. %

4. Linux 清屏命令是（　　　　）。
   A. pwd
   B. cls
   C. clean
   D. clear

5. 普通用户登录后看到的命令提示符是（　　　　）。
   A. $
   B. #
   C. &
   D. %

6. 常用的 Linux 命令帮助不包括（　　　　）。
   A. help < 命令 >
   B. man < 命令 >
   C. < 命令 > --help
   D. < 命令 > --man

7. jsj 用户的家目录是（　　　　）。
   A. /home
   B. /home/jsj
   C. /root/jsj
   D. /jsj

二、思考题

1. Linux 系统有哪些常用命令？各有什么功能？

2. 列出 Linux 系统中的常见目录及功能。

实验指导

【实验目的】

掌握 Linux 的目录结构和常用命令。

【实验环境】

一台安装了 CentOS 7 操作系统的虚拟机或物理机。

【实验内容】

1. 启动 CentOS 7，在命令行下观察 Linux 根目录下的主要目录，并进行分析记录。

2. 查看当前工作目录，然后切换目录到 /etc 下，并用长格式显示目录文件列表。

3. 在 /opt 目录下创建图 10-8 所示目录结构和文件。

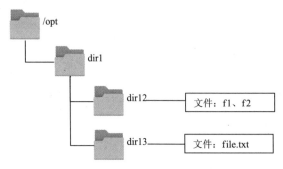

图 10-8　新建目录结构和文件

4. 复制 f1 和 f2 文件到 dir13 目录下。

5. 移动 file.txt 到 dir1 目录下。

6. 使用 tree 命令列出 /opt 目录的结构。

7. 查看 /etc/hosts 文件内容。

8. 分屏查看 /var/log/messages 文件内容。

9. 显示 /var/log/secure 文件中包含"failure"关键字的行。

10. 查看 tree 命令的路径。

11. 查看 grep 命令的帮助信息。

12. 删除 f1 文件和 dir12 目录后，再次用 tree 显示 /opt 目录结构。

第11章

账户和权限

📖 **导学**

    Linux 系统具有完善的账户和权限管理功能。这也是 Linux 系统具有较高安全性的原因之一。如果想登录并操作 Linux 系统，就需要一个合法的 Linux 账户。作为一个完全不同的操作系统，Linux 的账户和权限管理的思想和方法与 Windows 又有哪些不同呢？

    学习本章前，请思考：如何添加删除 Linux 的用户和组？如何查看和设置 Linux 文件权限？

📖 **学习目标**

1. 了解 Linux 用户和组的分类。
2. 了解用户和组相关的配置文件的存储路径和结构。
3. 熟练掌握用户和组的管理方法。
4. 了解 Linux 文件的类型。
5. 理解 Linux 属主、属组和文件权限的类型和查看方法。
6. 熟练掌握 Linux 属主、属组和文件权限的修改方法。

11.1 账户管理

11.1.1 Linux 用户和组

Linux 系统的用户分为三种：超级用户、系统用户和普通用户。

- 超级用户：也叫系统管理员，一般指 root 用户。超级用户的用户编号（UID）为 0。实际上任何 UID 为 0 的用户都是超级用户，但是默认情况下只有 root 用户是超级用户。

- 系统用户：UID 1~999，系统用户也叫伪用户。这类用户是 Linux 系统自身需要的，

视频●······

Linux 账户
管理

●······

175

并不具备登录操作 Linux 系统的功能。

- 普通用户：UID 1 000~60 000，可以登录系统并进行普通操作，但是权限受限。

组是一组用户的集合。把多个用户加入同一个组，可以对这些用户进行方便地统一管理。root 用户属于 root 组，GID 为 0。

默认情况下，系统在创建用户的同时也会同步创建一个同名的组，这是该用户的主组。例如，创建了一个普通用户 don，系统也会自动创建一个 don 组。

11.1.2 Linux 用户和组配置文件

Linux 的用户和组信息分别存储在 3 个配置文件中：/etc/passwd、/etc/shadow 和 /etc/group。

1. 用户配置文件——/etc/passwd

该文件存储了系统的用户信息，对 root 可读写，对其他用户只读。该文件的内容如下所示：

```
[root@localhost ~]# cat /etc/passwd
root:x:0:0:root:/root:/bin/bash
bin:x:1:1:bin:/bin:/sbin/nologin
daemon:x:2:2:daemon:/sbin:/sbin/nologin
adm:x:3:4:adm:/var/adm:/sbin/nologin
…
```

每一行记录一个用户，记录格式为：

用户名：密码：UID：GID：备注：家目录：Shell

各字段含义如下：

- 用户名：账号的名字。用户名区分大小写，一般不超过 8 位，不能包含"："。
- 密码：账号的密码。出于安全考虑，现在这个字段已经不记录真实密码，而是用"×"表示，真正的密码被记录在"/etc/shadow"中。
- UID：用户标识码。一般情况下用户名和 UID 具有一一对应关系。
- GID：该用户所属的组标识码。GID 的取值范围和 UID 相同。
- 备注：该用户备注信息。
- 家目录：个人用户主目录，用于存储个人配置信息和个人文件，一般每个用户都有一个独立的家目录。普通用户的家目录是"/home/ 用户名"，root 用户的家目录是"/root"。
- Shell：用户登录后使用的默认 Shell。可登录用户一般是 /bin/bash，不可登录用户一般是 /sbin/nologin。该参数决定了用户是否可以登录并操作 Linux 系统。

2. 影子密码文件——/etc/shadow

因为 /etc/passwd 文件内容任何用户都可以读取，安全性较低，所以 Linux 系统把用户的密码单独记录在另一个文件 /etc/shadow 中。该文件只有超级用户 root 才能读写。

文件的格式为：

用户名：加密的密码：最后更改密码日期：最小密码年龄：最大密码年龄：密码警告时间：密码禁用期：账户过期时间：保留字段

- 用户名：账号的名字。必须是有效账号名，即已经存在于 /etc/passwd 中的账号。
- 加密的密码：用户的密码以加密方式存储在该字段。密码加密算法有 MD5、SHA-256 和 SHA-512 三种。
- 最后更改密码日期：最后一次修改该用户密码的日期。如果该字段为空表示密码年龄功能被禁用。

- 最小密码年龄：指两次修改密码的最小时间间隔。0 表示无最小间隔。
- 最大密码年龄：密码的最长使用时间，超过这个时间用户必须修改密码。
- 密码警告时间：密码过期前，提前警告用户的天数。
- 密码禁用期：密码过期后仍然可以使用的天数。
- 账户过期时间：该字段为空代表永不过期。
- 保留字段：预留字段，将来使用。

3. 组配置文件——/etc/group

group 文件记录了系统的组信息，一个组对应一行记录。

文件的格式为：

```
组名:组密码:GID:成员用户列表
```

- 组名：组的名字。
- 组密码：一般为空，表示无密码。
- GID：组标识码。
- 成员用户列表：组内所有成员的用户名列表，用逗号间隔。

11.1.3　Linux 用户管理

1. 添加用户

命令格式：

```
useradd [选项] 用户名
```

【格式说明】

常用的选项如表 11-1 所示。

表 11-1　useradd 命令选项

选　项	功　能	选　项	功　能
-s	指定 Shell	-G	指定用户的附加组
-d	指定用户家目录	-M	不创建家目录
-e	指定过期日期	-p	指定加密后的密码
-g	指定主组的名称或 ID	-u	指定 UID

【示例】创建用户。

```
[root@localhost ~]# useradd user01
[root@localhost ~]# useradd -d /home/u2 user02    #-d 选项指定的家目录会自动创建
[root@localhost ~]# useradd -s   /sbin/nologin user03          # 指定 Shell
[root@localhost ~]# useradd -G student,market user04          # 指定附加组
[root@localhost ~]# useradd -u 2000 -s /sbin/nologin user05   # 指定 UID 和 Shell
```

2. 删除用户

命令格式：

```
userdel [选项] 用户名
```

【格式说明】

常用的选项如表 11-2 所示。

【示例】删除用户。

```
[root@localhost ~]# userdel user04 #删除用户，但保留家目录和邮件池
[root@localhost ~]# userdel -r user05 #同步删除家目录和邮件池
```

3. 修改用户

命令格式：

```
usermod [选项] 用户名
```

【格式说明】

常用的选项如表 11-3 所示。

【示例】修改用户。

```
[root@localhost ~]# usermod -G student  stu01   #把 stu01 的附加组改为 student
[root@localhost ~]# usermod -G student,wheel  stu02
[root@localhost ~]# uesrmod -aG net  stu01        # 为 stu01 增加附加组 net
[root@localhost ~]# usermod -s /sbin/nologin  stu01  #修改 stu01 用户登录 Shell
```

<table>
<tr><td colspan="2" align="center">表 11-2 userdel 命令选项</td></tr>
<tr><td align="center">选　　项</td><td align="center">功　　能</td></tr>
<tr><td align="center">-f</td><td>强制删除</td></tr>
<tr><td align="center">-r</td><td>删除用户时同步删除家目录和邮件池</td></tr>
</table>

<table>
<tr><td colspan="2" align="center">表 11-3 usermod 命令选项</td></tr>
<tr><td align="center">选　　项</td><td align="center">功　　能</td></tr>
<tr><td align="center">-G</td><td>更改附加组（覆盖原有附加组）</td></tr>
<tr><td align="center">-s</td><td>修改用户的登录 Shell</td></tr>
<tr><td align="center">-a</td><td>和 -G 联用，增加附加组</td></tr>
</table>

4. 修改用户密码

命令格式：

```
passwd [选项] [用户名]
```

【格式说明】

（1）只有 root 用户才能指定用户名。

（2）常用的选项如表 11-4 所示。

表 11-4 passwd 命令选项

选　　项	功　　能	选　　项	功　　能
-d	删除账户密码	-u	解锁账户密码
-l	锁定用户密码	-f	强制执行操作

【示例】root 用户修改用户密码。

```
[root@localhost ~]# passwd                    #修改自己密码
更改用户 root 的密码 。
新的密码：
无效的密码：密码是一个回文
重新输入新的 密码：
passwd：所有的身份验证令牌已经成功更新。
[root@localhost ~]# passwd jsj                 #修改 jsj 密码
```

更改用户 jsj 的密码 。
新的密码：
无效的密码：密码是一个回文
重新输入新的 密码：
passwd：所有的身份验证令牌已经成功更新。

【注意】

① root 用户可以任意修改自己和其他用户的密码，而不需要输入当前密码。

②普通用户只能修改自己的密码，而且密码要符合复杂性要求。

5. 显示用户属性

命令格式：

```
id [用户]
```

【示例】 显示用户属性。

```
[root@localhost ~]# id
uid=0(root)  gid=0(root)   组 =0(root)   环 境 =unconfined_u:unconfined_r:unconfined_
t:s0-s0:c0.c1023
[root@localhost ~]# id jsj
uid=1000(jsj) gid=1000(jsj) 组 =1000(jsj),10(wheel)
```

【说明】 "gid" 表示主组，"组" 表示主组和附加组。

11.1.4　Linux 用户组管理

1. 创建用户组

命令格式：

```
groupadd [选项] 组名
```

【格式说明】

常用的选项如表 11-5 所示。

【示例】 创建组。

```
[root@localhost ~]# groupadd student        #创建 student 组
[root@localhost ~]# groupadd -g 5000  stu    #创建 stu 组，GID 指定为 5000
```

2. 删除用户组

命令格式：

```
groupdel 组名
```

【示例】 删除 stu 组。

```
[root@localhost ~]# groupdel stu
```

3. 管理组

命令格式：

```
gpasswd [选项] 组
```

【格式说明】

常用的选项如表 11-6 所示。

表 11-5	groupadd 命令选项
选 项	功 能
-g	指定 GID
-o	允许创建重复 GID

表 11-6	gpsswd 命令选项
选 项	功 能
-a	向组中添加用户
-d	从组中删除用户
-M	批量设置组的成员列表

【示例】管理组。

```
[root@localhost ~]# gpasswd -a don wheel          # 把用户 don 添加到组 wheel
[root@localhost ~]# gpasswd -M user01,user02  student      # 批量添加用户到组
[root@localhost ~]# gpasswd -d user1 student          # 从组中删除
```

【说明】

①组成员管理还可以使用 groupmems 命令。

② wheel 组也属于管理员组，但是 wheel 组成员如果想使用系统管理命令需要在命令前加 sudo，这样比直接使用 root 用户登录安全。

③对组成员进行管理也可以通过直接修改 /etc/group 配置文件实现，效果一样。

11.2 文件权限管理

11.2.1 文件属性查看

使用 "ls -l" 命令长格式查看文件列表，可以看到文件的属性，如下所示：

```
[root@localhost ~]# ls -l file1
-rw-r--r--. 1 root root 0 5月  28 21:13 file1
```

这个返回结果代表的详细含义如图 11-1 所示。

视频

Linux文件权限
管理

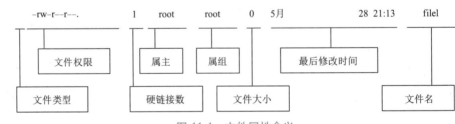

图 11-1 文件属性含义

【注意】命令 "ls -l" 有一个命令别名 "ll"，使用起来更为方便。

11.2.2 文件属主和属组

Linux 的文件都有属主和属组。属主就是文件的拥有者，属主对文件拥有完全控制权限。文件的属组就是属主所在的用户组。如图 11-1 所示，file1 的属主为 root 用户，属组为 root 用户组。

①修改属组可以使用 chgrp 命令。格式如下：

```
chgrp [选项] 用户组 文件...
```

【格式说明】

常用的选项如表 11-7 所示。

表 11-7 chgrp 命令常用选项

选 项	功 能
-R	包含子文件夹和目录

【示例】修改文件属组。

```
[root@localhost ~]# chgrp stu file1     # 修改 file1 文件的属组为 stu
[root@localhost ~]# chgrp -R stu dir1  # 修改 dir1 及其子目录和文件的属组为 stu
```

②修改属主的命令是 chown，这个命令既可以修改属主也可以修改属组。

格式如下：

```
chown [选项] [所有者][:[组]] 文件...
```

【格式说明】

常用的选项如表 11-8 所示。

表 11-8 chown 命令选项

选 项	功 能	选 项	功 能
-h	影响符号链接，而不是被引用的文件	-R	包含子文件夹和目录

【示例】修改文件属主。

```
[root@localhost ~]# chown root file1        # 修改 file1 属主为 root
[root@localhost ~]# chown don:stu  file1    # 修改 file1 属主为 don 属组为 stu
[root@localhost ~]# chown -hR root dir1    # 将 dir1 及其包含的所有文件和子目录的属主更
                                              改为 "root"
```

11.2.3 文件权限

1. 文件权限的对象

Linux 系统对文件的权限可以按 3 种对象分别设置，它们分别是属主（u）、属组（g）和其他用户（o）。Linux 系统针对这 3 种用户可以独立设置权限。

2. 权限类型

对每种权限对象，Linux 系统可以分别设置 3 种权限类型：读（r）、写（w）、执行（x）。

3. 权限查看

如图 11-1 所示，file1 文件的权限用 9 个字母标记：rw-r--r--，这 9 个字母从左到右每 3 个分为一组，共计 3 组，每组权限顺序是读（r）、写（w）、执行（x）。文件权限含义如下所示：

```
rw-          r--          r--
属主权限      属组权限      其他用户权限
```

如果相应权限对象有该类权限，则直接用相应字母表示，否则用 "-" 表示。比如上面列出的权限可解读为属主拥有读写权限，属组和其他用户拥有只读权限，它们都没有执行权限。

4. 权限修改

每个文件都有默认的权限，如果出于需要要修改这些权限可以使用 chmod 命令，该命令的格式如下所示：

```
chmod 模式 [,模式]... 文件...
```

权限设置模式有两种形式：符号模式和数字模式。

（1）符号模式

符号表示的权限设置模式格式如下：

< 权限对象 >[+|-|=]< 权限类型 >，…

【格式说明】

- 权限对象：包括 u（属主）、g（属组）、o（其他用户）、a（所有用户）4 个。
- +、-、=：+ 表示增加权限，- 表示减少权限，= 表示覆盖原权限。
- 权限类型：包括 r（读）、w（写）、x（执行）3 种。

【示例】 使用符号模式进行权限设置。

```
[root@localhost ~]# chmod u+x   file1            # 为属主增加执行权限
[root@localhost ~]# chmod a=rwx   file1          # 设置所有用户权限为读、写、执行
[root@localhost ~]# chmod a=- file1              # 设置所有用户无任何权限
[root@localhost ~]# chmod o-r file1              # 收回其他用户读权限
[root@localhost ~]# chmod ug=rw,o=r file1        # 设置属主和属组权限为读、写，其他
                                                   用户权限为只读

[root@localhost ~]# ll file1
-rw-rw-r--. 1 root root 0 5月   28 21:13 file1
```

（2）数字模式

数字模式使用 1~4 个八进制数，每个数由位权为 4、2、1 的 3 位叠加而得。典型的用法是使用 3 个八进制数，分别代表属主、属组和其他用户的权限。

例如，设置属主读、写、执行权限，则第一位数应该是 4+2+1=7。设置属组读、写权限，则第二位数应该是 4+2=6。其他用户只读权限，则第三位数应该是 4。如果某一个权限对象无任何权限，则对应位上为 0。

【示例】 使用数字模式设置文件权限。

```
[root@localhost ~]# chmod 644 file1    # 设置属主权限为读、写，属组和其他用户权限为只读
[root@localhost ~]# chmod 754 file1    # 设置属主权限为读、写、执行，属组权限为读、执行，
                                          其他用户权限为只读
[root@localhost ~]# chmod 400 file1    # 设置属主权限为只读，属组和其他用户无任何权限
[root@localhost ~]# ll file1           # 等效于 ls -l file1
-r--------. 1 root root 0 5月   28 21:13 file1
```

本章小结

本章主要介绍了以下内容：

1. 账户和组的类型、UID 取值范围。
2. 用户配置文件 /etc/passwd、密码配置文件 /etc/shadow、组配置文件 /etc/group。
3. 添加用户、删除用户、修改用户、修改密码、查看用户属性等操作。
4. 添加组、删除组、修改组等操作。
5. 文件属性的查看、属主属组的修改操作。
6. 权限对象的类型、权限的类型、权限的查看和修改。

课后练习

一、选择题

1. 关于 UID 的说法错误的是（　　）。
　　A. root 用户的 UID 为 0　　　　　　　　B. 系统用户的 UID 为 1~999
　　C. 普通用户的 UID 为 1 000~60 000　　D. 超级用户的 UID 为 1~499

2. 用户的密码信息存储在（　　）。
　　A. /etc/passwd　　　B. /etc/shadow　　　C. /etc/group　　　D. /etc/users

3. 添加用户的命令是（　　）。
　　A. useradd　　　B. createuser　　　C. adduser　　　D. groupadd

4. 删除用户组的命令是（　　）。
　　A. dropgroup　　　B. deletegroup　　　C. groupdel　　　D. groupdrop

5. 为 file1 文件其他用户增加写权限的命令是（　　）。
　　A. chmod u+w file1　　　　　　C. chmod g+w file1
　　B. chmod o+w file1　　　　　　D. chmod a-w file1

6. 执行完命令"chmod 764 file1"后，关于 file1 文件的说法错误的是（　　）。
　A. 属主可以读取文件
　B. 属组可以修改文件
　C. 其他用户可以修改文件
　D. 任何用户都可以读取该文件

二、思考题

1. /etc/passwd 中已经有了密码字段，为什么还要设置专用的密码文件 /etc/shadow？

2. /opt 目录对普通用户是只读的，如何为该目录设置权限，才能使所有用户都可以修改该目录下的文件？

实验指导

【实验目的】
掌握 Linux 账户管理和文件权限设置方法。
【实验环境】
一台安装了 CentOS 7 操作系统的虚拟机或物理机。
【实验内容】
1. 添加用户 user01 和 user02。
2. 查看 /etc/passwd、/etc/shadow、/etc/group 3 个文件的变化。

3. 删除 user02，并再次查看上述 3 个文件的变化。

4. 添加用户组 student。

5. 把 user01 添加到 student 组中，使 student 成为 user01 的副组之一。

6. 修改 user01 的密码，密码自拟。

7. 查看 user01 的属性。

8. 使用 su 命令切换用户身份到 user01，修改自己的密码为 "qweQWE123"。

9. 以 user01 身份创建文件 file1 和 file2.

10. 修改 file1 的属主为 root，属组为 student。

11. 设置 file2 的权限为对所有用户都可读写，但不可执行。

12. 查看 file1 和 file2 的属主、属组和权限。

第 12 章

Vi 编辑器和软件包管理

12.1 Vi 文本编辑器

12.1.1 Vi 文本编辑器概述

图形界面下的文本编辑器有很多，比如 gedit、emacs 等，但是命令行模式下的文本编辑器就屈指可数了，这是 Vi 和其他图形文本编辑器的最大区别之一。

Vi 最早出现在 UNIX 系统上，后来又被移植到 Linux 上。Vi 历史悠久、功能强大，直到现在还是颇受欢迎并被广泛使用的基于命令行的全屏文本编辑器。

Vim 即 Vi improved（Vi 增强版）。Vim 对 Vi 进行了多项改进，比如文本彩色与高

视频

Vi 编辑器

亮显示，自动检测文件中内容的类型，并以不同的颜色进行高亮显示，如注释变成蓝色、关键字变成褐色、字符串变成红色等。与 Vi 的黑白显示模式相比，Vim 更加易读易用。

Vi/Vim 严格区分大小写。

12.1.2　Vi 启动方式

在命令行模式下启动 Vi/Vim 的方式如下：

```
vi/vim
```

或

```
vi/vim <文件名>
```

【格式说明】

①命令可以使用 vi 或 vim，一般的 Linux 都内置了这两个编辑器。

②文件名可以是存在的文件，也可以是不存在的文件，如果是不存在的文件，在保存时 Vi 会自动创建该文件。

12.1.3　Vi 工作模式

Vi/Vim 有 3 种工作模式，每种工作模式可以进行不同的操作。3 种工作模式的切换方法如图 12-1 所示。

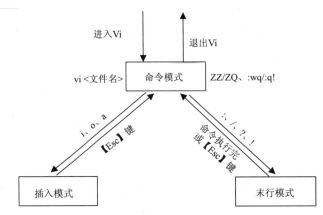

图 12-1　Vi 工作模式切换示意图

1. 命令模式

启动 Vi 后直接进入的就是命令模式。在命令模式下从键盘输入的任何字符会被当做命令来处理，而不是插入到文件中。这也是和其他文本编辑器区别较大的地方。

命令模式的常用命令如表 12-1 所示。

表 12-1　Vi 命令模式常用命令

命　　令	功　　能
h、j、k、l	光标控制键，左、下、上、右，也可以使用上下左右键
0、$	移动光标到行首、行尾
gg、G	移动光标到文件首、文件尾

续表

命　令	功　能
nG	移动光标到第 n 行，例如 3G、5G
y	复制行，例如 yy、3yy、ygg、yG（从当前行开始）
d	删除行，例如 dd、5dd、dgg、dG
p	粘贴
u	撤销
ctrl+r	重新执行被撤销的操作
ZZ	存盘退出
ZQ	放弃存盘退出
a、i	进入插入模式
o	下方插入新行并进入插入模式

2. 插入模式

在命令模式下按 i、a、o 等键可以进入插入模式。插入模式下可以对文件内容进行编辑、修改、插入等操作。进入插入模式后左下角会显示"--INSERT--"或"-- 插入 --"文字提示。插入模式外观如图 12-2 所示。

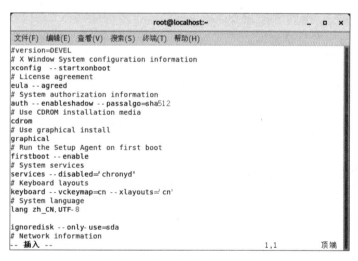

图 12-2　Vim 的插入模式外观

在插入模式下按 [Esc] 键可以返回命令模式。

3. 末行模式

在命令模式下按：、/、？、！键可以进入末行模式。从插入模式进入末行模式必须首先返回命令模式，不能从插入模式直接进入末行模式。

在末行模式下可以进行的操作有以下 3 种。

（1）保存、退出、光标定位

保存、退出、光标定位命令用法如表 12-2 所示。

表 12-2　Vi/Vim 保存、退出、光标定位命令

命　　令	功　　能
:n	光标定位在第 n 行，例如 :6
:w	保存
:q	退出，此时如果修改尚未保存需要先存盘，或者使用强制退出命令
:q!	不保存强制退出
:wq	保存退出
:wq!	强制保存退出
:x	保存退出

（2）查找替换

末行模式下可以方便进行地文本查找和替换。

查找命令格式：

/ 关键字

光标会停留在第一个找到的关键字，按 n 键可以查找下一个。

替换命令格式：

:范围 s/ 待查找内容 / 替换内容 / 选项

【示例】使用 Vim 进行替换操作。

```
:1,4 s/root/don/        # 把第 1~4 行的 root 替换为 don，只替换第一个
:5,$ s/root/don/        # 把第 5 行到最后的 root 替换为 don，只替换第一个
:1,$ s/root/don/g       # 把全文的 root 替换为 don，g 表示全文替换，不加 g 只替换第一个
:% s#ss10#ss12#g        # 把全文的 ss10 替换为 ss12
:,10 s/sys/system/      # 把当前行到第 10 行中 sys 替换为 system，只替换第一个
```

（3）环境设置

环境设置命令用法如表 12-3 所示。

表 12-3　Vi/Vim 环境设置命令

命　　令	功　　能	命　　令	功　　能
:set nu	显示行号	:set ai	自动缩进
:set nonu	取消行号显示	:set list	显示控制字符
:set ic	不区分大小写	:set nolist	取消显示控制字符
:set noic	取消不区分大小写		

12.2　RPM 包管理

RPM 是 RedHat Package Manager（RedHat 软件包管理器）的缩写。虽然带有红帽公司的名字，但是不仅 RHEL/CentOS，还有像 OpenLinux、TurboLinux 等发行版都在使用这个软件包格式，格式本身是开放的。许多软件都发布有 RPM 格式的软件包。

RPM 软件包的命名格式通常为：

```
软件包名 - 版本号 . 硬件平台 .rpm
```

【格式说明】

①软件包名：软件包的名字。

②版本号：格式一般为"主版本号 . 次版本号 . 修正号"。

③硬件平台：表示软件包运行兼容的硬件平台，例如：i386、i686、x86_64、noarch 等。其中，noarch 表示可以运行在任何硬件平台上。

【示例】以下软件包名代表的含义是什么？

① zlib-1.2.7-18.el7.i686.rpm

软件包名 zlib，版本号 1.2.7-18.el7，硬件平台 i686。

② wireshark-devel-1.10.14-24.el7.x86_64.rpm

软件包名 wireshark-devel，版本号 1.10.14-24.el7，硬件平台 x86_64。

③ yum-plugin-aliases-1.1.31-54.el7_8.noarch.rpm

软件包名 yum-plugin-aliases，版本号 1.1.31-54.el7_8，硬件平台 noarch。

RPM 软件包使用 rpm 工具进行管理，命令格式如下：

```
rpm [ 选项 ]
```

【格式说明】

常用选项如表 12-4 所示。

视频 ● ┄┄┄

RPM 软件包
管理

表 12-4　rpm 命令常用选项

选　　项	功　　能	选　　项	功　　能
-a	查询 / 验证所有软件包	-i	安装软件包
-f	查询 / 验证文件所属的软件包	-v	提供详细信息输出
-g	查询 / 验证组中的软件包	-F	如果软件包已经安装，升级软件包
-e	卸载软件包	-l	列出软件包中的文件
-h	安装软件包时显示进度条（常和 -v 一起使用）	-q	查询已经安装的软件包

【示例】使用 rpm 命令进行软件包管理。

```
# 安装本地软件包
[root@localhost Packages]# rpm -ivh tree-1.6.0-10.el7.x86_64.rpm
准备中 ...                      ############################## [100%]
  正在升级 / 安装 ...
```

```
    1:tree-1.6.0-10.el7              ############################### [100%]
# 安装网络软件包
[root@localhost Packages]# rpm -ivh https://mirrors.aliyun.com/centos/
7.8.2003/updates/x86_64/Packages/firefox-68.8.0-1.el7.centos.x86_64.rpm
    获取 https://mirrors.aliyun.com/centos/7.8.2003/x86_64/Packages/ firefox
-68.8.0-1.el7.centos.x86_64.rpm
    准备中 ...                        ############################### [100%]
    正在升级 / 安装...
    1:firefox-68.8.0-1.el7.centos    ############################### [100%]
# 查看 java 软件包的安装情况
[root@localhost Packages]# rpm -qa|grep java
tzdata-java-2020a-1.el7.noarch
javapackages-tools-3.4.1-11.el7.noarch
java-1.8.0-openjdk-1.8.0.252.b09-2.el7_8.x86_64
python-javapackages-3.4.1-11.el7.noarch
java-1.8.0-openjdk-headless-1.8.0.252.b09-2.el7_8.x86_64
# 查看 zsh 软件包是否已经安装
[root@localhost Packages]# rpm -q zsh
zsh-5.0.2-34.el7.x86_64
# 卸载 zsh 软件包
[root@localhost Packages]# rpm -e zsh
# 查看 rpm 命令所属的软件包
[root@localhost Packages]# which rpm          # 查询命令路径
/usr/bin/rpm
[root@localhost Packages]# rpm -qf /usr/bin/rpm
rpm-4.11.3-43.el7.x86_64
```

12.3 YUM 软件包管理器

视频

使用YUM管理
软件包

12.3.1 YUM 概述

　　YUM 是 Yellowdog Updater Modified 的缩写。YUM 软件包管理器基于 RPM 包管理，能够从被称作源的指定服务器自动下载并安装 RPM 软件包，并且自动处理依赖性关系，一次安装所有依赖的软件包。YUM 主要用于软件包的检索、升级、安装和删除。

12.3.2 使用 YUM 管理软件包

　　yum 命令的格式如下：

　　yum [选项] [子命令] [软件包]

【格式说明】

①常用选项如表 12-5 所示。

表 12-5 yum 命令常用选项

选　项	功　能
-y	安装过程中所有的交互自动回复"是"

②常用子命令如表 12-6 所示。

表 12-6　yum 命令常用子命令

子　命　令	功　　能	子　命　令	功　　能
check-update	检查是否有可用的软件包更新	repolist	显示已配置的源
clean	删除缓存数据	update	更新系统中一个或多个软件包
info	显示关于软件包或组的详细信息	remove	删除软件包
history	显示软件包管理操作历史	groupinstall	安装软件组
install	安装软件包	groupupdate	更新软件组
list	列出一个或一组软件包	grouplist	查询软件组
makecache	创建元数据缓存	groupremove	删除软件组
reinstall	覆盖安装		

【示例】使用 yum 命令进行软件包管理。

```
# 显示 yum 源
[root@localhost ~]# yum repolist
# 显示 tree 软件包信息
[root@localhost ~]# yum info tree
# 显示 yum 源软件包列表
[root@localhost ~]# yum list
# 更新系统软件包
[root@localhost ~]# yum update
# 安装 mariadb 和 mariadb-server 软件包
[root@localhost ~]# yum -y install mariadb
[root@localhost ~]# yum -y install mariadb-server
# 卸载 tree 软件包
[root@localhost ~]# yum remove tree
```

12.3.3　自定义 YUM 源

　　YUM 软件包管理器使用的 YUM 源信息来源于配置文件 /etc/yum.repos.d/*.repo。CentOS 7 已配置 3 个源，分别是 base、extras、updates，如下所示：

```
[root@localhost yum.repos.d]# yum repolist
已加载插件：fastestmirror, langpacks
Loading mirror speeds from cached hostfile
 * base: mirrors.cn99.com
 * extras: mirrors.cn99.com
 * updates: mirrors.cn99.com
源标识                 源名称                      状态
base/7/x86_64          CentOS-7 - Base             10,070
extras/7/x86_64        CentOS-7 - Extras           397
updates/7/x86_64       CentOS-7 - Updates          671
repolist: 11,138
```

如果想使用自己的 YUM 源，可以把需要的 YUM 源配置信息添加到已有的 .repo 文件里，也可以自己创建全新的 .repo 文件。在修改 YUM 源前建议做好备份。

自定义 YUM 源的配置格式如下：

```
[YUM 源标识]
    name=<YUM 源名称 >
    baseurl=<YUM 源路径 >
    gpgcheck=0
    enabled=1
```

【示例】自定义 YUM 源，本地软件包仓库路径为 /opt/repo_db。

1. 自定义本地 YUM 源

① 备份源 YUM 源。

```
mv /etc/yum.repos.d/*.repo /etc/yum.repos.d/backup
```

② 新建本地 YUM 源文件，文件名可以修改，扩展名必须是 .repo。

```
touch /etc/yum.repos.d/local.repo
```

③ 编辑 local.repo 文件。

```
[local]
    name=local source
    baseurl=file:///opt/repo_db
    gpgcheck=0
    enabled=1
```

④ 刷新缓存。

```
[root@localhost ~]# yum clean all
[root@localhost ~]# yum makecache
[root@localhost ~]# yum repolist
```

2. 自定义网络 YUM 源

步骤和自定义本地源类似，在 .repo 文件中指定 baseurl 时修改为：

```
baseurl= 网络源地址
```

国内一般建议使用阿里或者 163 的源，速度较快。阿里源的 repo 文件可以直接从阿里官网下载，注意做好备份：

```
[root@localhost ~]# mv /etc/yum.repos.d/*.repo /etc/yum.repos.d/backup
[root@localhost ~]# wget -O /etc/yum.repos.d/CentOS-Base.repo http://
mirrors.aliyun.com/repo/Centos-7.repo
```

然后参照自定义本地 YUM 源刷新缓存。

本章小结

本章主要介绍了以下内容：

1. Vi/Vim 编辑器的特点、启动方式、工作模式及使用方法。
2. RPM 包定义、特点及命名规则。

3. rpm 命令管理 RPM 包的方法。

4. YUM 软件包管理器的特点及软件包管理方法。

5. 自定义 YUM 源的方法。

课后练习

一、选择题

1. 关于 Vi 的说法错误的是（　　　）。

　　A. Vi 是一个文本编辑器

　　B. Vi 可以工作在命令行下，也可以工作在图形界面下，支持鼠标和键盘操作

　　C. Vi 可以在本地命令行运行，也可以在远程命令终端下运行

　　D. Vi 是一个全屏文本编辑器

2. Vi 的 3 种工作模式不包括（　　　）。

　　A. 命令模式　　　　　B. 插入模式　　　　　C. 图形模式　　　　　D. 末行模式

3. 关于 RPM 包 "yum-plugin-tmprepo-1.1.31-53.el7.noarch.rpm" 的说法错误的是（　　　）。

　　A. 该 RPM 包的包名为 yum　　　　　　　B. 主版本号为 1

　　C. 次版本号为 1　　　　　　　　　　　　D. 该软件包支持所有硬件平台

4. rpm 命令安装软件包需要使用的命令格式是（　　　）。

　　A. rpm –v ＜软件包＞　　　　　　　　　B. rpm –i ＜软件包＞

　　B. rpm –e ＜软件包＞　　　　　　　　　D. rpm –h ＜软件包＞

5. yum 更新系统软件包使用的命令是（　　　）。

　　A. yum –y install　　　B. yum –y remove　　　C. yum –y update　　　D. yum repolist

6. 修改 YUM 源需要修改的文件是（　　　）。

　　A. /etc/*.repo　　　　　　　　　　　　B. /etc/yum.conf

　　C. /etc/yum.repos.d/*.repo　　　　　　D. /var/yum.conf

二、思考题

1. RPM 包的软件包命名规则是什么？解释命名中出现的各关键字的含义。

2. YUM 软件包管理器有什么特点，如何使用 YUM 软件包管理器安装软件、升级软件包？

3. 如何修改 YUM 源？

实验指导

【实验目的】

掌握 Vi/Vim 编辑器的用法及 RPM 软件包的管理方法。

【实验环境】

一台安装了 CentOS 7 操作系统并且可以连接互联网的虚拟机或物理机。

【实验内容】

1. 使用 Vim 编辑器编辑 /etc/hostname 文件，文件内容修改为：jsj。

2. 使用 rpm 命令安装光盘里的 tree 软件包。

3. 使用 rpm 命令查看 vsftpd 软件包的版本信息。

4. 备份 /etc/yum.repos.d/*.repo 文件到 /opt/repobackup 目录，不存在的目录提前创建。

5. 新建文件 /etc/yum.repos.d/local.repo。

6. 使用 Vim 编辑器编辑 local.repo，输入如下内容：

```
[nginx]
name=nginx repo
baseurl=http://nginx.org/packages/centos/7/$basearch/
gpgcheck=0
enabled=1
```

7. 安装 nginx 软件包。

8. 启动 nginx 服务，命令如下：

```
systemctl start nginx
```

9. 查看 nginx 服务是否在运行：

```
[root@aliyun-don ~]# netstat -an |grep :80
tcp        0      0 0.0.0.0:80              0.0.0.0:*               LISTEN
```

出现上面的运行结果说明 nginx 已经在运行了。

10. 更新系统内核。

```
yum -y update kernel
```

11. 重启系统后查看新内核版本号。

```
uname -r
```

第 13 章

Linux 网络和防火墙

导学

作为一个网络操作系统，Linux 具有强大的通信和网络功能。在互联网上的众多服务器乃至公有云、私有云服务器上运行着大量的 Linux 系统，时刻面临着来自外界的网络安全威胁。CentOS 7 内置了功能强大、配置简单的软件防火墙，用于增强 Linux 系统的安全性。

学习本章前，请思考：如何配置 CentOS 7 的网络参数？如何配置防火墙？

学习目标

1. 了解 CentOS 7 新的网络连接命名方式。
2. 掌握临时和永久修改网络参数的方法。
3. 学会使用常用的网络工具。
4. 了解 firewalld 防火墙守护进程。
5. 掌握 firewall-cmd 命令配置防火墙的方法。
6. 简单了解 SELinux。

13.1 Linux 网络配置

13.1.1 CentOS 7 网络接口名称

CentOS 7 对网络接口的命名规则进行了改变。传统的 Linux 网络接口名字类似于 eth*，比如 eth0、eth1 等。CentOS 7 网络接口采用了被称作一致的网络设备名的命名方式。这种命名方式使得网络接口的命名中体现出了接口设备的类型、硬件特征参数等信息。

一致的网络设备名采用 2 位字母前缀表示设备类型，如表 13-1 所示。第 3 位代表硬件类型，如表 13-2 所示。

视频

Linux 网络
配置

表 13-1 网络连接名前缀含义	
前　缀	含　义
en	以太网适配器
wl	无线局域网适配器
ww	无线广域网适配器

表 13-2 网络连接名第 3 位含义	
第 3 位	含　义
o	板载设备
s	热插拔设备
p	PCI 设备

命名最后部分代表和硬件参数一致的 ID 信息。

【示例】下列网络接口设备的命名代表什么含义？

① ens33：en 代表以太网设备，s 代表热插拔设备，33 代表总线地址。

② eno16777736：en 代表以太网设备，o 代表板载设备，16777736 代表设备索引编号。

③ wlp12s0：wl 代表无线局域网设备，p 代表 PCI 设备，12 代表总线地址，0 代表插槽编号。

13.1.2　使用命令配置网络参数

1. 查看和临时配置网络参数命令——ifconfig

命令格式为：

```
ifconfig <interface> [<address>[/<prefixlen>]]
    [add <address>[/<prefixlen>]]
    [del <addres>[/<prefixlen>]]
    [netmask <address>]
```

【格式说明】

① interface：接口名字，例如 ens33、eno16777736 等。

② address：要设置或增加的 IP 地址，例如 192.168.10.1。

③ prefixlen：IP 地址的掩码位数，即子网掩码中二进制 1 的位数，和 IP 地址一起使用。例如 24 对应子网掩码 255.255.255.0，16 对应子网掩码 255.255.0.0。掩码使用方式示例：192.168.10.1/24，172.21.16.16/16，10.0.0.1/8 等。另外，使用 prefixlen 就不需要使用 netmask 选项，它们是同等用途。

④ netmask：子网掩码。

【示例】使用 ifconfig 查看和配置网络参数。

① 显示接口 IP 地址等信息：

```
ifconfig                              #显示所有接口的网络参数信息
ifconfig ens33                        #显示ens33接口的网络参数信息
```

② 修改接口 IP 地址和子网掩码：

```
ifconfig ens33 192.168.10.132                          #设置IP地址并立即生效
ifconfig ens33 192.168.10.100/24                       #设置IP地址和掩码并立即生效
ifconfig ens33 192.168.10.100 netmask 255.255.255.0    #设置IP地址和掩码并立即生效
```

③ 停用、启用连接：

```
ifconfig ens33 down                   #停用ens33连接，功能相当于ifdown ens33
ifconfig ens33 up                     #启用ens33连接，功能相当于ifup ens33
```

ifconfig 命令可以临时修改 IP 地址，系统重启后网络参数将会被恢复。如果想永久性修改网络参数就需要修改配置文件了。

2．查看和临时修改路由表命令——route 和 ip route

查看路由表命令：

```
route -n
ip route
```

添加删除路由命令：

```
route {add|del} -net <目的网络> gw <下一跳地址>
ip route {add|del}  <目的网络> via <下一跳地址>
```

【示例】

①使用 route 命令添加到目的网络 192.168.200.0 的路由，下一跳地址为 192.168.10.1，查看路由表后，再删除该路由表。

```
route add -net 192.168.200.0/24 gw 192.168.10.1
route -n
route del -net 192.168.200.0/24 gw 192.168.10.1
route -n
```

②使用 ip route 命令添加到目的网络 192.168.100.0 的路由，下一跳地址为 192.168.122.1，查看路由表后，再删除该路由表。

```
ip route add 192.168.100.0/24 via 192.168.122.1
ip route
ip route del 192.168.100.0/24 via 192.168.122.1
ip route
```

3．临时或永久修改主机名命令——hostname 和 hostnamectl

临时修改主机名命令格式：

```
hostname <新主机名>
```

永久修改主机名命令格式：

```
hostnamectl set-hostname <新主机名>
```

【说明】两条命令修改的主机名都是立即生效，区别在于后者重启系统后配置不丢失，相当于修改了 /etc/hostname 主机名配置文件。

13.1.3　修改网络配置文件

1．网络连接参数配置文件

网络连接参数配置文件为 /etc/sysconfig/network-scripts/ifcfg-*。配置文件的命名格式为：

```
ifcfg-<网络连接名>
```

例如：网络连接 ens33 的配置文件为 /etc/sysconfig/network-scripts/ifcfg-ens33。

该文件的典型内容如下：

```
TYPE="Ethernet"
PROXY_METHOD="none"
BROWSER_ONLY="no"
BOOTPROTO="dhcp"
NAME="ens33"
UUID="b58db7a5-0ed5-48ee-b12f-e8adacb4ef74"
DEVICE="ens33"
ONBOOT="yes"
```

常用的配置参数如表 13-3 所示。

表 13-3　网络连接配置文件常用参数

参　　数	作　　用
TYPE	连接类型，一般为 Ethernet
BOOTPROTO	连接工作模式，常用取值有 3 个：dhcp 代表自动获取 IP 地址，static 代表静态指定 IP 地址，none 代表不指定
NAME	网络连接名
DEVICE	网络连接对应的硬件设备名
ONBOOT	是否开机激活连接，可以取 yes 或 no
IPADDR	指定 IP 地址
PREFIX	掩码位数，也就是子网掩码中 1 的位数
GATEWAY	默认网关
DNS1，DNS2…	指定 DNS，一般不超过 3 个

【说明】BOOTPROTO 参数决定了网卡 IP 地址是自动获取还是静态指定。只有设置为静态指定时，才需要指定 IPADDR、PREFIX、GATEWAY 和 DNS1 等参数。

配置文件修改后并不能马上生效，需要执行下面命令：

```
systemctl restart network
```

【示例】修改配置文件，设置网络连接 ens33 的 IP 地址为 192.168.10.132，子网掩码 255.255.255.0，默认网关 192.168.10.2，DNS 地址 114.114.114.114 和 8.8.8.8。

```
[root@localhost ~]# vim /etc/sysconfig/network-scripts/ifcfg-ens33
TYPE="Ethernet"
PROXY_METHOD="none"
BROWSER_ONLY="no"
BOOTPROTO="static"
DEFROUTE="yes"
IPV4_FAILURE_FATAL="no"
NAME="ens33"
UUID="b58db7a5-0ed5-48ee-b12f-e8adacb4ef74"
DEVICE="ens33"
ONBOOT="yes"
IPADDR=192.168.10.132
PREFIX=24
GATEWAY=192.168.10.2
DNS1=114.114.114.114
DNS2=8.8.8.8

[root@localhost ~]# systemctl restart network        #重启网络服务
```
验证 IP 地址和子网掩码：
```
[root@localhost ~]# ifconfig ens33
ens33: flags=4163<UP,BROADCAST,RUNNING,MULTICAST>  mtu 1500
inet 192.168.10.132  netmask 255.255.255.0  broadcast 192.168.10.255
…
```

验证默认网关：

```
[root@localhost ~]# ip route
default via 192.168.10.2 dev ens33 proto static metric 100
192.168.10.0/24 dev ens33 proto kernel scope link src 192.168.10.132 metric 100
192.168.122.0/24 dev virbr0 proto kernel scope link src 192.168.122.1
```

验证 DNS 地址：

```
[root@localhost ~]# cat /etc/resolv.conf
# Generated by NetworkManager
nameserver 114.114.114.114
nameserver 8.8.8.8
```

2. 永久路由配置文件

CentOS 7 的永久路由配置文件为 /etc/sysconfig/network-scripts/route-*，其中 * 代表了网络连接的名字。例如 ens33 对应的路由文件应该是 route-ens33。

这个文件需要自己创建。

【示例】添加到 192.168.190.0/24 的永久路由，下一跳地址为 192.168.10.1。

```
[root@localhost ~]# vim /etc/sysconfig/network-scripts/route-ens33
192.168.190.0/24 via 192.168.10.1 dev ens33

[root@localhost ~]# systemctl restart network
[root@localhost ~]# ip route
default via 192.168.10.2 dev ens33 proto static metric 100
192.168.10.0/24 dev ens33 proto kernel scope link src 192.168.10.132 metric 100
192.168.122.0/24 dev virbr0 proto kernel scope link src 192.168.122.1
192.168.190.0/24 via 192.168.10.1 dev ens33 proto static metric 100
```

3. 通过修改配置文件永久修改主机名

上面提到永久修改主机名可以使用 hostnamectl 命令，这里也可以通过修改配置文件 /etc/hostname 实现。

例如要把主机名修改为 don，可以使用下面的命令：

```
echo "don">/etc/hostname
```

需要重启系统新主机名才会生效。重启之前可以使用下面命令临时配置主机名：

```
hostname don
```

13.2　网络工具

1. 网络连接测试命令

```
ping [-c count] <目的主机名或 IP 地址>
```
count 表示发送的探测包个数。

【示例】探测 www.sina.com 主机是否可达。

```
ping -c 3  www.sina.com
```

2. 查看网络邻居（ARP 记录）

```
ip neigh
```

3. 路由追踪

```
traceroute <互联网主机名>
tracepath <互联网主机名>
```

两条命令功能类似。

4. DNS 查询测试命令

```
dig @server <域名> <查询类型>
```

server 选项代表指定 DNS 服务器，如果不指定会使用本机配置的 DNS 服务器进行查询。

【示例】使用 dig 命令进行域名解析测试。

```
dig china.com
dig @202.106.196.115  cdpc.edu.cn          # 使用 202.106.196.115 DNS 服务器对 cdpc.edu.
                                                cn 进行解析测试
dig -x 39.156.69.79                        # 反向解析查询测试
dig -t mx cdpc.edu.cn                      # 查询邮件交换记录
```

5. 命令行文件下载命令

```
wget [选项] [URL]
```

常用选项如表 13-4 所示。

表 13-4　wget 常用选项

选　　项	功　　能	选　　项	功　　能
-v	输出详细信息（缺省）	-p	下载 html 文件中的所有文件
-O	指定保存的本地文件名	-k	让下载的 html 文件中的链接指向本地文件
-c	支持断点续传		

【示例】使用 wget 命令下载文件。

```
wget https://mirrors.aliyun.com/centos/7.8.2003/os/x86_64/Packages/tree-1.6.0-
10.el7.x86_64.rpm -O /home/tree-1.6.0-10.el7.x86_64.rpm
wget -pk https://www.baidu.com
```

6. 远程复制文件或目录

```
scp [选项] <远程源文件> <本地目标文件>
scp [选项] <本地源文件> <远程目标文件>
```

远程文件格式：

```
[user@]host:/path/to/file
```

常用选项如表 13-5 所示。

表 13-5　scp 常用选项

选　　项	功　　能	选　　项	功　　能
-r	递归复制整个目录，包括子目录	-C	压缩数据流
-p	保留被复制文件的时间戳和权限	-v	显示详细信息

【示例】远程复制文件到本机。

```
scp don@192.168.0.101:Desktop/f1.doc  /root/f1.doc
scp -rpC root@39.105.39.173:/opt  .
```

13.3　Linux 防火墙

1.　Linux 防火墙概述

传统的 Linux 系统使用 iptables 工具对防火墙进行配置，配置语法较为烦琐。CentOS 7 使用了全新的动态防火墙系统 firewalld。firewalld 服务对防火墙进行配置时不会断开已存在的连接。

视频 ●·····

Linux 防火墙
配置

2.　firewalld 守护进程

firewalld 是一个守护进程，可以通过 systemctl 命令对服务的启动进行控制。启用、停用、重启、查看防火墙状态的命令是：

```
systemctl start|stop|restart|status firewalld
```

设置开机自启和禁止开机自启的命令是：

```
systemctl enable|disable firewalld
```

firewalld 服务使用区域的概念简化防火墙管理。对流量分区域的考量因素包括源地址、网络接口等。预定义的区域如表 13-6 所示。

表 13-6　firewalld 预定义区域

区　　域	说　　明
trusted	受信任区域，允许所有数据包进出
public	公共区域，拒绝与传出流量无关的进入流量，允许 ssh、dhcpv6-client 流量通过，默认区域
home	拒绝与传出流量无关的进入流量，允许 ssh、mdns、ipp-client、samba-client 和 dhcpv6-client 流量通过
Internal	和 home 区域相同
work	拒绝与传出流量无关的进入流量，允许 ssh、ipp-client、dhcpv6-client 流量通过
external	拒绝与传出流量无关的进入流量，允许 ssh 流量通过
dmz	拒绝与传出流量无关的进入流量，允许 ssh 流量通过
block	拒绝与传出流量无关的进入流量
drop	拒绝与传出流量无关的进入流量

firewalld 提供了两个工具配置防火墙：firewall-cmd 和 firewall-config。前者是基于命令行的，后者是基于图形界面的。也可以直接修改配置文件，配置文件位于 /etc/firewalld 目录下。

3.　使用 firewall–cmd 命令配置防火墙

①查看 firewalld 服务是否处在运行状态：

```
[root@localhost 文档]# systemctl status firewalld
firewalld.service - firewalld - dynamic firewall daemon
```

```
    Loaded: loaded (/usr/lib/systemd/system/firewalld.service; enabled; vendor
preset: enabled)
    Active: active (running) since 日 2020-05-31 09:28:10 CST; 2 days ago
...
[root@localhost ~]# firewall-cmd --state
running
```

只有 firewalld 处在运行状态时才可以使用 firewall-cmd 配置防火墙。

② firewall-cmd 常用选项如表 13-7 所示。

表 13-7　firewall-cmd 命令常用选项

选　项	功　能
--get-zones	显示预定义区域
--get-services	显示预定义服务
--get-icmptypes	显示预定义 ICMP 阻塞类型
--get-default-zone	显示连接的默认区域
--set-default-zone=<zone>	设置网络连接的默认区域
--get-active-zones	显示已激活的区域
--get-zone-of-interface=<interface>	显示接口绑定的区域
--list-all-zones	显示所有区域及规则
[--zone=<zone>] --list-services	显示指定区域允许访问的服务列表
[--zone=<zone>] --add-service=<service>	为指定区域添加允许访问的服务
[--zone=<zone>] --remove-service=<service>	删除指定区域中已允许访问的服务
[--zone=<zone>] --list-ports	显示指定区域中允许访问的端口号
[--zone=<zone>] --add-port=<portid>[-<portid>]/<protocol>	在指定区域中添加允许访问的端口
[--zone=<zone>] --remove-port=<portid>[-<portid>]/<protocol>	在指定区域中删除已允许访问的端口

firewall-cmd 命令有两种配置模式：运行时模式和持久性模式。前者系统重启后配置不会得到保留，后者重启前不会生效。

运行时配置模式命令后加 "--permanent" 选项后可成为永久性配置命令。也可以在进行了多项运行时模式配置后再运行下列命令保存配置：

```
firewall-cmd --runtime-to-permanent
```

【示例】使用 firewall-cmd 命令进行防火墙配置。

①在默认区域中增加 http 和 https 的访问许可。

```
firewall-cmd --add-service=http
firewall-cmd --add-service=https
```

②在 public 区域中增加 DNS 的访问许可。

```
firewall-cmd --zone=public --add-service=dns
```

③删除 public 区域中 ftp 的访问许可。

```
firewall-cmd --zone=public --remove-service=ftp
```

④显示所有活动区域，命令和运行结果如下。

```
[root@localhost ~]# firewall-cmd --get-active-zones
public
   interfaces: ens33
```

⑤显示 public 区域中允许的服务列表，命令和运行结果如下。

```
[root@localhost ~]# firewall-cmd --zone=public --list-services
dhcpv6-client dns http https ssh
```

⑥保存防火墙配置。

```
firewall-cmd --runtime-to-permanent
```

4. SELinux 设置

SELinux 即 Security-Enhanced Linux，安全增强型 Linux，由美国国家安全局（NSA）开发。该系统为 Linux 内核的一个安全子系统，默认安装在 RHEL/CentOS 这些发行版上。SELinux 把用户的权限关在笼子里，使得特定的进程只能访问它需要的文件。

鉴于其配置较为烦琐，在实验环境下可以关闭 SELinux。临时关闭 SELinux 的命令为：

```
setenforce 0
```

永久性关闭 SELinux 需要修改配置文件 /etc/selinux/config，修改 SELINUX 参数的值：

```
SELINUX=disabled
```

该参数可以取以下 3 个值之一：

- enforcing：启用 SELinux。
- permissive：当违反策略时用户可以进行操作，但是操作会被记录下来。
- disabled：关闭 SELinux。

本章小结

本章主要介绍了以下内容：

1. CentOS 7 新的网络连接命名方式——一致的网络设备名。
2. 使用命令临时修改网络参数的方法。
3. 通过配置文件永久修改网络参数的方法。
4. 常用的网络工具。
5. firewalld 防火墙守护进程介绍。
6. firewall-cmd 命令配置防火墙的方法。
7. SELinux 简介。

课后练习

一、选择题

1. 一块有线以太网适配器如果使用一致的网络设备名，其前缀是（   ）。
    A. wl   B. en   C. ww   D. eth

2. 关于 ifconfig 命令的使用格式错误的是（   ）。
    A. ifconfig   B. ifconfig ens33
    C. ifconfig ens33 192.168.10.1/24   D. ifconfig ens33 192.168.10.1/255.255.255.0

3. 查看本机路由表的命令是（   ）。
    A. ip route   B. ip address   C. ifconfig   D. uname -r

4. CentOS 7 网络连接配置文件所在目录是（   ）。
    A. /etc/networking   B. /var/network
    C. /etc/sysconfig/network   D. /etc/sysconfig/network-scripts

5. 启用防火墙命令是（   ）。
    A. systemctl stop firewall   B. systemctl start firewall
    C. systemctl status firewalld   D. systemctl start firewalld

6. 在防火墙中放行 dns 服务的命令是（   ）。
    A. firewall --add-services=dns   B. firewall --add-service=dns
    C. firewall-cmd --add-services=dns   D. firewall-cmd --add-service=dns

二、思考题

1. 一致的网络设备名有什么优点和缺点？如何把网络接口的名字改为传统的命名方式，例如 eth0、eth1？

2. firewalld 守护进程相较于 iptables 有哪些优点？

3. 如何使用 firewall-cmd 命令放行和阻止外网对某些服务的访问？

实验指导

【实验目的】
掌握 Linux 网络连接的配置方法和防火墙的管理方法。
【实验环境】
一台安装了 CentOS 7 操作系统的虚拟机或物理机。
【实验内容】
1. 永久修改主机名为 student，并立即生效。
2. 通过配置文件修改本机网络参数，要求如下：

（1）IP 地址 172.21.16.16，子网掩码 255.255.255.0。

（2）默认网关 172.21.16.2。

（3）DNS 地址：114.114.114.114、210.31.208.8。

（4）重启网络服务使配置生效。

3. 使用 ifconfig 或 ip a 命令验证新配置的 IP 地址。

4. 通过配置文件添加到网络 192.168.100.0/24 的路由，下一跳地址为 172.21.16.16。

5. 使用 ip route 命令验证默认网关和静态路由。

6. 通过 /etc/resolv.conf 查看 DNS 地址配置。

7. 查看 firewalld 服务是否正在运行，并重启服务。

8. 配置防火墙放行 http、dns 和 ftp 服务。

9. 查看默认区域允许的服务列表。

10. 关闭 SELinux。

第14章

Samba 服务器配置

导学

在 Windows 系统上用户可以方便地进行文件和打印机共享。在 Linux 下也有类似的功能，但是需要通过一个独立的服务器软件实现，这个软件就是 Samba。Samba 服务极大地方便了 Windows 系统和 Linux 系统之间的资源共享。

学习本章前，请思考：Samba 服务器的认证模式有哪几种？如何进行文件和打印机共享设置？

学习目标

1. 了解 Samba 服务器的功能。
2. 掌握 Samba 服务器的安装和服务管理方法。
3. 掌握 Samba 服务器的配置方法。
4. 掌握访问 Samba 服务器共享资源的方法。

14.1 Samba 简介

Samba 是在 Linux 系统上实现 SMB 协议的一款开源软件。Windows 上共享文件和打印机的功能叫"网上邻居"或者"网络"，就是使用的 SMB（Server Message Block）协议。在所有版本 Windows 系统中都包括该协议的客户端，所以这个协议的使用范围相当广。SMB 协议的开源版本叫 CIFS（Common Internet File System）。

Samba 服务器有如下功能：

- 共享 Linux 系统的文件和目录。
- 共享 Linux 系统的打印机。
- 可以作为 Windows 网络的域控制器或 Windows 域下的成员服务器。

- 担任 WINS 名字服务器。

在 Samba 服务器的帮助下可以实现 Linux 主机和 Windows 主机混合组网，如图 14-1 所示。

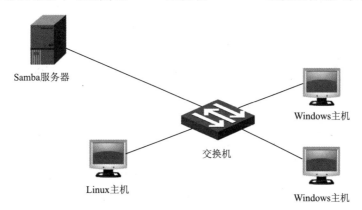

图 14-1　Linux 主机和 Windows 主机混合组网

14.2　Samba 服务器的安装和管理

1. Samba 服务软件包的安装

Samba 服务所需软件包如表 14-1 所示。

表 14-1　Samba 服务所需软件包

包　名	功　能
samba	Samba 服务器软件包
samba-common	通用工具和库
samba-client	提供 Samba 客户端工具

安装 3 个软件包的命令如下：

```
yum -y install samba samba-common samba-client
```

2. Samba 服务的管理

Samba 服务器需要启动两个服务——smb 和 nmb；smb 是 samba 服务器的守护进程；nmb 提供计算机名解析和浏览服务。启动命令如下：

```
systemctl start smb nmb
```

完整的服务管理命令为：

（1）启动、重启、停止和状态查看

```
systemctl start|restart|stop|status smb nmb
```

（2）设置开机自启、关闭开机自启

```
systemctl enable|disable smb nmb
```

视频

Samba 服务器
安装

14.3 Samba 服务器的配置

14.3.1 Samba 服务器安全等级和角色

Samba 服务器的主配置文件是 /etc/samba/smb.conf。Samba 服务器提供 3 种安全等级：user、domain 和 ads。

1. user 安全级

参数设置：

```
security = user
```

用户安全级为默认安全级。客户端登录 Samba 服务器时需要提供合法的用户名和密码。

2. domain 安全级

参数设置：

```
security = domain
```

域成员安全级，使用这种安全级必须首先把 Samba 服务器加入到 Windows Server 域。身份验证是由域控制器进行的。需要使用 password server 指定验证服务器。

3. ads 安全级

参数设置：

```
security = ads
```

这种模式下 Samba 服务器将成为域成员，需要安装和配置 Kerberos。

Samba 服务器提供了 3 种角色，分别是独立服务器角色(standalone)、域成员服务器角色(member server) 和域控制器角色。server role 参数用于设置服务器角色。

其中，域控制器角色还可分为经典主域控制器角色（classic primary domain controller）、经典备份域控制器角色（classic backup domain controller）和活动目录域控制器角色（active directory domain controller）。

默认角色为独立服务器角色，这里只讨论这种情况。

14.3.2 Samba 服务器全局参数

主配置文件 /etc/samba/smb.conf 中以"#"或";"开始的行属于注释，每个参数的书写格式都是：

参数名 = < 参数值 >

"[global]" 后是 Samba 服务器的全局配置参数。常用全局配置参数如表 14-2 所示。

表 14-2　Samba 服务器全局配置参数

参数名	功　能
workgroup	工作组名或域名，不区分大小写，例如：workgroup = student
server string	服务器描述信息，默认值为 server string = Samba Server Version %v
netbios name	Samba 服务器名，和计算机名不同。最长 15 个字符，例如：netbios name = linux_server

参 数 名	功　　能
interfaces	配置 Samba 服务器监听的网络接口，默认监听所有接口。例如：interfaces = lo eth0 192.168.12.2/24
hosts allow	配置允许连接的客户端，默认允许所有客户端连接。例如：hosts allow = 127. 192.168.10. 192.168.20
log file	指定日志文件位置以及如何拆分日志文件，例如：log file = /var/log/samba/log.%m
max log size	每个日志文件最大大小，默认 50 KB，例如：max log size = 50
security	安全级，有 3 种安全级：user、domain 和 ads。例如：security=user
passdb backend	配置 Samba 用户信息存储方式。默认值为 tdbsam，表示使用一个数据库文件存储，如果想用传统的文本文件方式，该参数可以写成：passdb backend = smbpasswd:/etc/samba/smbpasswd
wins support	是否支持 WINS 服务器。取"yes"或"no"，如果取"yes"则启动 Samba 的 WINS 服务
wins server	配置该选项，表示启动 WINS 客户端功能，用法为：wins server=<WINS 服务器地址 >该参数和"wins support"不能同时启用
wins proxy	是否启用 WINS 代理，默认不启用，取"yes"或"no"
dns proxy	是否启用 DNS 代理，如果启用则 Samba 会尝试通过 DNS 解析 NetBIOS 名字
load printers	是否自动加载打印机列表，取"yes"或"no"，默认是"yes"
cups options	允许将选项传递到 CUPS 库。例如，将此选项设置为 raw，则可以在 Windows 客户端上使用驱动程序

【说明】为了简单起见，这里并不介绍有关域控制器和成员服务器的配置选项。这些配置选项的用法可以参考示例配置文件 /etc/samba/smb.conf.example。

【示例】配置 user 安全级的全局配置选项。

```
[global]
workgroup = WORKGROUP
server string = Samba Server Version %v
log file=/var/log/samba/log.%m
max log size=50
netbios name = Linux_Server
security = user
passdb backend = tdbsam
load printers = yes
cups options = raw
printcap name = cups
printing = cups
```

14.3.3　Samba 服务器共享参数

常用共享参数如表 14-3 所示。

表 14-3　Samba 服务器常用共享参数

参 数 名	功　能
comment	共享资源描述
browseable	是否允许浏览，取"yes"或"no"
read only	是否可写，功能和 writable 相反，即 writable=yes 相当于 read only=no
valid users	允许访问用户列表
guest ok	是否允许来宾访问，取"yes"或"no"
public	同 guest ok
path	共享的目录或文件，例如：path = /opt/wordpress
write list	可写用户列表。即便资源共享设定为只读，列表中的用户和组依然可写。例如：write list = +stu，表示 stu 组用户可写

14.3.4　共享配置

1．文件或目录共享

在 smb.conf 主配置文件的后半部分是文件和打印机共享设置，下面通过一个案例介绍文件或目录共享的方法。

【示例】共享 /var/dir1 目录。

```
[dir1]                          #共享名
comment = dir1 files            #资源描述
path = /var/dir1                #共享文件或目录的路径
browseable = yes                #允许浏览
writable = yes                  #可写
public = yes                    #允许匿名访问
```

2．家目录共享

CentOS7 默认情况下共享登录用户的家目录，并且可读可写。这个功能是由主配置文件 /etc/samba/smb.conf 中的特殊部分 [homes] 实现。和正常的文件共享不同，这个特殊的共享配置并不是按照字面的共享名"homes"进行显示，而是显示相应登录用户的主目录名。

【示例】共享用户家目录

```
[homes]
comment = Home Directories
browseable = no
writable = yes
```

【说明】这是用户家目录默认共享参数。需要说明的是，正常情况下 browseable 决定了该共享目录是否可以直接被客户端列出。设置为"no"表示客户端不能看到这个目录，属于隐藏共享。在共享主目录时 browseable 一般设置为"no"，这样并不影响登录用户浏览自己的主目录。如果设置为"yes"，用户将会看到 2 个共享名"homes"和"用户主目录名"，这样反而容易引起歧义。

3．打印机共享

默认情况下 CentOS 7 共享所有打印机。

【示例】共享所有打印机。

```
[printers]
comment = All Printers
path = /var/spool/samba
browseable = no
guest ok = no
writable = no
printable = yes
writable = yes
```

【说明】只有 Linux 系统安装有打印机，并且打印服务正常运行，共享打印机才有效。

4. 添加 samba 用户

在 user 安全级下需要合法的 Samba 用户来访问 Samba 服务器。Samba 用户必须首先是合法的 Linux 系统用户，所以需要使用 useradd 先添加系统用户。然后使用 smbpasswd 命令把系统用户授权为 Samba 用户，并设置访问 Samba 服务密码，这里的密码和该用户在系统里的密码是独立的。

smbpasswd 命令的语法格式为：

```
smbpasswd [选项] [用户名]
```

【参数说明】

①用户名必须是 Linux 系统中存在的用户名。

②常用选项如表 14-4 所示。

表 14-4　smbpasswd 命令常用选项

选　项	功　能	选　项	功　能
-a	添加 Samba 用户	-d	禁用 Samba 用户
-x	删除 Samba 用户	-e	启用 Samba 用户

【示例】添加系统用户 stu01，然后添加为 Samba 用户并设置密码。

```
[root@don ~]# useradd stu01
[root@don ~]# smbpasswd -a stu01
New SMB password:                    # 输入密码，无回显
Retype new SMB password:             # 重复输入密码
Added user stu01.
```

5. 检测配置文件的语法

testparm 用于检测配置文件的正确性，命令语法如下：

```
testparm
```

14.4　访问 Samba 服务器

14.4.1　Windows 10 下访问 Samba 服务器

方式一：双击"此电脑"，单机左侧窗格"网络"，然后双击看到的 Samba 服务器即可访问。

方式二：双击"此电脑"，地址栏输入下列地址后回车：

```
\\<Samba 服务器 IP 地址 >
\\<Samba 服务器名 >
```

无论选用方式一还是方式二登录 Samba 都需要输入用户名和密码，界面如图 14-2 所示。

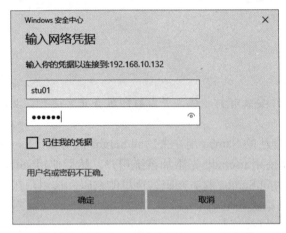

图 14-2　Windows 10 登录 Samba 服务器

14.4.2　Linux 下访问 Samba 服务器

1. 图形界面下访问

方式一：图形界面登录 Linux，依次单击菜单"位置"→"浏览网络"，出现图 14-3 所示界面。

图 14-3　Linux 登录 Samba 服务器

方式二：单击图 14-3 左侧的"其他位置"，在右侧窗格底部"连接到服务器"文本框中输入下列地址后回车：

```
smb://<Samba 服务器 IP 地址 >
smb://<Samba 服务器名 >
```

2. 命令行下访问

Linux 下有一个命令行模式的 Samba 客户端 smbclient，常用命令格式为：

```
smbclient -L  <Samba 服务器名或 IP 地址 > [-U 用户名 % 密码 ]
smbclient //<Samba 服务器名或 IP 地址 >/ 共享资源名 -U 用户名 % 密码
```

【示例】使用 smbclient 登录 Samba 服务器 192.168.10.132，查看资源列表，并下载一个文件。

```
[root@localhost ~]# smbclient -L 192.168.10.132 -U don%000000
        Sharename       Type      Comment
        ---------       ----      -------
        IPC$            IPC       IPC Service (Samba Server Version 4.10.4)
        don             Disk      Home Directories
Reconnecting with SMB1 for workgroup listing.
        Server          Comment
        ---------       -------

        Workgroup       Master
        ---------       -------
        WORKGROUP       LINUX_SERVER
[root@localhost ~]# smbclient //192.168.10.132/don -U don%000000
Try "help" to get a list of possible commands.
smb: \> ls
  .               D        0      Wed Jun   3 21:20:06 2020
  ..              D        0      Wed Jun   3 22:13:28 2020
  .mozilla        DH       0      Thu May  21 13:13:06 2020
  .bash_logout    H        18     Wed Apr   1 10:17:30 2020
  .bash_profile   H        193    Wed Apr   1 10:17:30 2020
  .bashrc         H        231    Wed Apr   1 10:17:30 2020
  a.txt           A        0      Wed Jun   3 21:20:06 2020
                17811456 blocks of size 1024. 13318896 blocks available
smb: \> get a.txt
getting file \a.txt of size 0 as a.txt (0.0 KiloBytes/sec) (average 0.0
KiloBytes/sec)
```

14.5　综合应用

假设某大学新建一机房需要使用 Linux 的 Samba 服务搭建一个文件服务器，方便教师向学生分享教学文件。假设 Linux 服务器已经设置了静态 IP 地址 192.168.10.132，并设置了正确的防火墙规则或关闭了防火墙，其搭建过程如下：

视频 ●······

Samba 服务器
综合应用
·········●

14.5.1　服务器配置

1. 安装软件包

```
yum -y install samba samba-common samba-client
```

2. 创建用户和共享目录

（1）创建教师账号和学生账号

```
useradd teacher
passwd teacher
smbpasswd -a teacher
useradd student
passwd student
smbpasswd -a student
```

(2) 创建共享目录

```
mkdir /home/documents
chown o+w /home/documents
```

3. 修改主配置文件 /etc/samba/smb.conf

```
[global]
        workgroup = WORKGROUP
        server string = Samba Server Version %v
        netbios name = LINUX_SERVER
        log file = /var/log/samba/log.%m
        max log size = 50
        security = user
        passdb backend = tdbsam
        load printers = Yes
        cups options = raw
[homes]
        browseable = No
        comment = Home Directories
[documents]
        comment = Teaching documents
        path = /home/documents
        public = Yes
        writable = No
        write list = teacher
[printers]
        browseable = No
        comment = All Printers
        path = /var/spool/samba
        printable = Yes
```

4. 测试配置文件语法

```
testparm
```

5. 启动 smb 和 nmb 服务

如果上一步通过，启动 smb 和 nmb 服务。如果 smb 和 nmb 服务器处在启动状态则重启服务。

```
systemctl start|restart smb nmb
```

14.5.2 客户端测试

1. 使用 Linux 客户端进行测试

使用 smbclient 进行连接测试。

```
[root@localhost ~]# smbclient -L 192.168.10.132 -U student%000000
        Sharename       Type        Comment
        ---------       ----        -------
        documents       Disk        Teaching documents
        IPC$            IPC         IPC Service (Samba Server Version 4.10.4)
        student         Disk        Home Directories
Reconnecting with SMB1 for workgroup listing.
        Server                      Comment
        ---------                   -------
```

```
        Workgroup              Master
        ---------              -------
        WORKGROUP              LINUX_SERVER
```

（2）使用 teacher 用户登录进行上传测试。

```
[root@localhost ~]# smbclient //192.168.10.132/documents -U teacher%000000
Try "help" to get a list of possible commands.
smb: \> put t.txt
putting file t.txt as \t.txt (0.0 kb/s) (average 0.0 kb/s)
```

结果显示 teacher 用户可以上传文件。

（3）使用 student 用户登录进行上传测试。

```
[root@localhost ~]# smbclient //192.168.10.132/documents -U student%000000
Try "help" to get a list of possible commands.
smb: \> put t.txt
NT_STATUS_ACCESS_DENIED opening remote file \t.txt
```

结果显示 student 用户不能上传文件。

2. 使用 Windows 客户端进行测试

使用 teacher 或 student 用户登录 Samba 服务器。可以看到图 14-4 所示的资源列表。

图 14-4　使用 Windows 10 访问 Samba 服务器

进行读写测试也会得到和 Linux 客户端一样的结果。

【注意】客户端是否对资源有读写权限取决于登录用户在 Linux 系统里的文件系统权限和 Samba 服务权限的交集。只在 Samba 配置文件里设置了可写，但是文件系统里该文件对 Samba 登录用户是只读的，最终的结果一样是只读。

本章小结

本章主要介绍了以下内容：

1. Samba 服务器的功能和作用。

2. Samba 服务器软件包的安装和服务管理。

3. Samba 服务器的安全级和角色。

4. Samba 服务器的配置方法，包括全局参数配置、共享参数配置等。

5. 在 Windows 10 和 Linux 系统里访问 Samba 服务器的方法。

6. Samba 服务器综合配置。

课后练习

一、选择题

1. Samba 服务器的功能不包括（　　　）。

   A. 共享 Linux 系统的文件和目录　　　　B. 共享 Linux 系统的打印机

   C. 作为 DHCP 服务器　　　　　　　　　D. 担任 WINS 名字服务器

2. Samba 服务器相关软件包不包括（　　　）。

   A. samba　　　　　B. samba-client　　　　C. samba-lib　　　　D. samba-common

3. Samba 服务器支持的安全级有（　　　）。

   A. user　　　　　B. domain　　　　C. ads　　　　D. 以上都有

4. Samba 服务器的主配置文件是（　　　）。

   A. /etc/samba.conf　　　　　　　　　B. /etc/samba/smb.conf

   C. /etc/samba/conf　　　　　　　　　D. /ctc/smb.conf

5. Samba 服务器的配置文件中，决定 Samba 服务器名字的是（　　　）参数。

   A. hostname　　　　B. netbios name　　　　C. security　　　　D. server string

6. Linux 的命令行 Samba 客户端工具是（　　　）。

   A. samba　　　　　B. samba-client　　　　C. smbclient　　　　D. smb-client

二、思考题

1. Samba 服务器的基本配置步骤是什么？

2. 如何配置一个只对部分人可读可写，其他人只读的共享目录？

实验指导

【实验目的】

掌握 Samba 服务器的配置方法。

【实验环境】

1. 2 台安装了 CentOS 7 操作系统的虚拟机或物理机。

2. 2 台 CentOS 7 接入同一个局域网或虚拟局域网。

3. 2 台虚拟机设置为同一个网段的静态 IP 地址。

【实验内容】

第一部分：Samba 服务器配置

1. 关闭 CentOS 7 的防火墙和 SELinux。

2. 安装 Samba 服务的相关软件包：samba、samba-common 和 samba-client。

3. 创建两个 Samba 用户：manager 和 staff01。

4. 创建目录 /home/share，并把属主改为 manager，设置目录权限为属主可读写、可执行，其他用户可读、可执行。

5. 配置 Samba 服务器共享这个目录，只有 manager 可写，其他用户只读。

6. 使用 testparm 命令检查配置文件语法正确性，并重启 smb、nmb 服务使配置生效。

第二部分：Samba 客户端配置

1. 在另一台 CentOS 7 上安装 samba-client 软件包。

2. 使用 smbclient 工具进行上传和下载文件测试。

3. 在主机 Windows 10 系统里对 Samba 服务器进行访问测试。

## 第 15 章

Linux DHCP 服务器配置

 导学

前面学习了利用 Windows Server 2012 R2 可以实现 DHCP 服务器的功能，实际上利用 Linux 也可以实现相同的功能。

学习本章前，请思考：如何利用 CentOS 7 配置 DHCP 服务器？

学习目标

1. 掌握 DHCP 软件包的安装方法及服务的管理方法。
2. 掌握 DHCP 服务器的配置方法。
3. 掌握 DHCP 客户端的配置方法。
4. 掌握租约的查看方法。

15.1 DHCP 软件包及服务管理

●视频

基于Linux 的
DHCP服务器
配置

DHCP 服务器的软件包名为 dhcp，安装的命令为：

```
yum -y install dhcp
```

DHCP 服务的守护进程名为 dhcpd，可以使用下面的命令管理 DHCP 服务：

```
systemctl start|restart|stop|status dhcpd
systemctl enable|disable dhcpd
```

15.2　DHCP 服务器相关文件介绍

15.2.1　相关文件

DHCP 服务器的相关文件如表 15-1 所示。

表 15-1　DHCP 服务器相关文件

文　件	说　明	文　件	说　明
/etc/dhcp/dhcpd.conf	DHCP IPv4 服务主配置文件	/var/lib/dhcpd/dhcpd.leases	DHCP IPv4 服务租约文件
/etc/dhcp/dhcpd6.conf	DHCP IPv6 服务主配置文件	/var/lib/dhcpd/dhcpd6.leases	DHCP IPv6 服务租约文件

【说明】这里暂不讨论 IPv6 的问题。

15.2.2　DHCP 服务器主配置文件

配置 DHCP 服务器的过程就是对主配置文件 /etc/dhcp/dhcpd.conf 的修改过程。该文件中主要存在 3 类陈述：声明（declaration）、参数（parameter）和选项（option）。

1. 声明

主要是特定结构的描述性信息。例如描述一个子网的所有信息、描述特定主机的所有信息等。常用的声明如表 15-2 所示。

表 15-2　DHCP 服务器主配置文件中的声明

声　明	说　明
subnet	用于描述一个子网信息，比如网段、地址范围等
range	用于描述一个地址范围作为 DHCP 的地址池
host	描述一个特定主机的信息，该声明可以使一个 MAC 地址总是能得到相同的 IP 地址
group	为一组参数提供声明
class	描述一个类，该类为符合条件的客户端提供网络参数
share-network	告知 DHCP 服务器多个逻辑子网共享一个物理局域网

2. 参数

参数用于说明如何做某事（例如，提供多长时间的租约），是否做某事（例如，DHCP 服务器是否应向未知客户端提供 IP 地址），或者说明要向客户端提供什么参数（例如，使用网关 192.168.10.2）。

参数的语法为：

```
参数名 <参数值>;
```

常用的参数如表 15-3 所示。

3. 选项

选项用于配置 DHCP 服务器可选参数，所有选项都以 option 关键字开头。选项的语法为：

```
option <选项名> <选项值>;
```

常用的选项如表 15-4 所示。

表 15-3　DHCP 服务器主配置文件中的参数

参　数	说　明
ddns-update-style	配置 DHCP 和 DNS 的互动更新模式，可取 standard、interim 或 none
default-lease-time	默认租约（秒）
max-lease-time	最长租约（秒）
hardware	指定硬件 MAC 地址
fixed-address	指定固定 IP 地址
server-name	服务器名字
next-server	指定存放引导启动文件的主机，用于无盘工作站

表 15-4　DHCP 服务器主配置文件中的选项

选　项	说　明	选　项	说　明
domain-name	为客户端指明 DNS 服务器名字	subnet-mask	为客户端 IP 地址指定子网掩码
domain-name-server	为客户端指定 DNS 服务器 IP 地址	time-offset	为客户端设置与格林尼治时间的差（秒）
host-name	为客户端指定主机名	ntp-server	为客户端指明时间服务器
routers	为客户端指定默认网关	broadcast-address	为客户端指定广播地址

默认情况下主配置文件虽然存在，但是配置为空，只有两个说明，意思是请参考示例文件或 man 在线手册。示例配置文件路径为：

`/usr/share/doc/dhcp*/dhcpd.conf.example`

直接把该示例文件复制为主配置文件即可：

`cp /usr/share/doc/dhcp*/dhcpd.conf.example /etc/dhcp/dhcpd.conf`

示例配置中已经提供了很多配置内容，只需要根据需要修改即可。

15.3　综合应用

某单位出于业务需求，需要配置一个 DHCP 服务器，配置要求如表 15-5 所示。

表 15-5　配置要求

项　目	要求值	项　目	要求值
默认租约	1 800 秒	动态 IP 地址范围	192.168.10.10~192.168.10.100
最大租约	3 600 秒	子网掩码	255.255.255.0
客户端主机域名	cdpc.edu.cn	默认网关	192.168.10.1
DNS 地址	210.31.208.8	要求固定 IP 地址的服务器	MAC：00:0c:29:c7:11:08 IP 地址：192.168.10.200

服务器搭建过程如下：

15.3.1　DHCP 服务器配置

1. 配置 /etc/dhcp/dhcpd.conf 主配置文件

```
ddns-update-style none;
default-lease-time 1800;
max-lease-time 3600;
subnet 192.168.10.0 netmask 255.255.255.0 {
    range 192.168.10.10 192.168.10.100;
    option domain-name-servers 210.31.208.8;
    option domain-name "cdpc.edu.cn";
    option routers 192.168.10.1;

    host myserver {
        hardware ethernet 00:0c:29:c7:11:08;
        fixed-address 192.168.10.200;
    }
}
```

2. 启动 DHCP 服务

```
systemctl start dhcpd                 # 临时启动 dhcpd 服务
```

3. 关闭防火墙和 SELinux

```
systemctl stop firewalld              # 临时关闭防火墙
setenforce 0                          # 临时关闭 SELinux
```

15.3.2　DHCP 客户端测试

1. DHCP 客户端测试

假设 Linux DHCP 客户端的网络接口 IP 地址已经设置为自动获取，执行下面命令刷新 IP 地址：

```
dhclient -r ens33                     # ens33 为接口名，配置时要根据实际名程进行修改
dhclient ens33
```

2. 验证获取到的网络参数

```
# 查看 IP 地址和 MAC 地址
[root@localhost ~]# ip address show ens33
2: ens33: <BROADCAST,MULTICAST,UP,LOWER_UP> mtu 1500 qdisc pfifo_fast state UP
group default qlen 1000
    link/ether 00:0c:29:c7:11:08 brd ff:ff:ff:ff:ff:ff
    inet 192.168.10.200/24 brd 192.168.10.255 scope global dynamic ens33
       valid_lft 1769sec preferred_lft 1769sec
    inet6 fe80::9646:2dba:cb22:7bd6/64 scope link noprefixroute
       valid_lft forever preferred_lft forever


# 查看默认网关
[root@localhost ~]# ip route
default via 192.168.10.1 dev ens33
192.168.10.0/24 dev ens33 proto kernel scope link src 192.168.10.200

# 查看 DNS
```

```
[root@localhost ~]# cat /etc/resolv.conf
; generated by /usr/sbin/dhclient-script
search cdpc.edu.cn
nameserver 210.31.208.8
```

【注意】如果使用了 VMware WorkStation 虚拟机环境，需要关闭相应虚拟网络上的内置 DHCP 服务。默认情况下所有虚拟机连接的虚拟网络为 NAT 模式的 VMnet8。

关闭 VMnet8 内置 DNCP 服务的方法是依次单击 VMware WorkStation 主界面的"编辑"→"虚拟网络编辑器"菜单，打开图 15-1 所示对话框。

图 15-1　虚拟网络编辑器

选择 VMnet8，在对话框底部取消选择"使用本地 DHCP 服务将 IP 地址分配给虚拟机"复选框。

15.3.3　查看租约

文件 /var/lib/dhcpd/dhcpd.leases 存储了 DHCP 服务器的租约信息。查看 DHCP 服务器当前已分配的租约信息：

```
[root@don dhcpd]# cat /var/lib/dhcpd/dhcpd.leases
# The format of this file is documented in the dhcpd.leases(5) manual page.
# This lease file was written by isc-dhcp-4.2.5

server-duid "\000\001\000\001&l\273\343\000\014)\301\3449";

lease 192.168.10.10 {
  starts 5 2020/06/05 08:18:30;
  ends 5 2020/06/05 08:48:30;
  cltt 5 2020/06/05 08:18:30;
```

```
    binding state active;
    next binding state free;
    rewind binding state free;
    hardware ethernet 00:50:56:c0:00:08;
    uid "\001\000PV\300\000\010";
    client-hostname "SC-202004231829";
}
```

该文件包括了若干声明"lease"，每个 lease 声明记录一个 DHCP 客户端的租约信息。声明中包括的常见参数如表 15-6 所示。

表 15-6　dhcpd.leases 常见参数

参　　数	说　　明	参　　数	说　　明
starts	租约开始时间	hardware	记录租约对应的网络接口的 MAC 地址
ends	租约结束时间	uid	客户端用于获取租约的客户端标识符
cltt	记录客户端最后一个事务的时间	client-hostname	DHCP 客户端随请求发回的主机名

本章小结

本章主要介绍了以下内容：

1. DHCP 服务器的软件包安装方法和服务管理方法。
2. DHCP 服务器相关文件——/etc/dhcp/dhcpd.conf 和 /var/lib/dhcpd/dhcpd.leases。
3. 主配置文件 dhcpd.conf 中包括的主要声明、参数和选项。
4. DHCP 服务器的完整配置流程。
5. DHCP 客户端的配置方法和网络参数查看方法。
6. 租约文件 /var/lib/dhcpd/dhcpd.leases 的作用和常见参数。

课后练习

一、选择题

1. DHCP 服务器的服务名为（　　　）。
   A. DHCP　　　　　　　　B. dhcp　　　　　　　　C. dhcpd　　　　　　　　D. named

2. 决定默认租约时间的参数是（　　　）。
   A. ddns-update-style　　　　　　　　B. default-lease-time
   C. max-lease-time　　　　　　　　　　D. fixed-address

3. 为客户端指定 DNS 服务器地址的选项是（　　　）。
   A. domain-name　　　B. DNS1　　　　　　C. domain-name-server　D. ntp-server

4. 记录 DHCP 服务器租约的文件是 (　　)。

    A. /etc/dhcp/dhcpd.conf   B. /etc/dhcpd/dhcpd.conf

    C. /var/lib/dhcp/dhcpd.leases   D. /var/lib/dhcpd/dhcpd.leases

二、思考题

1. DHCP 服务器的配置步骤是什么？

2. 在无盘工作站中如何配置 DHCP 服务器？

实验指导

【实验目的】

掌握 DHCP 服务器的配置方法。

【实验环境】

2 台安装了 CentOS 7 操作系统并且可以联网的虚拟机或物理机。

【实验内容】

1. 如果是在虚拟机下，关闭虚拟机所在虚拟网络的内置 DHCP 服务。

2. 关闭防火墙和 SELinux。

3. 安装 DHCP 服务器软件包。

4. 按如下要求配置 DHCP 服务器：

（1）IP 地址网段：192.168.10.100~192.168.10.200。

（2）子网掩码：255.255.255.0。

（3）默认网关：192.168.10.254。

（4）DNS 地址：114.114.114.114。

（5）假设特定主机 MAC 地址为 00:0c:29:af:84:a5，为其分配固定 IP 地址 192.168.10.240。

5. 配置 Linux DHCP 客户端，查看其获取到的 IP 地址、子网掩码、默认网关、DNS 等参数。

6. 在 DHCP 服务器上查看租约信息。

## 第 16 章

Linux DNS 服务器配置

导学

前面介绍了通过 Windows Server 2012 R2 配置 DNS 服务器。但是在庞大的互联网上数量众多的 DNS 服务器绝大多数都是基于 Linux 平台的。

学习本章前，请思考：在 Linux 下如何配置 DNS 服务器？常用的 DNS 测试工具有哪些？

学习目标

1. 了解 DNS 服务器的软件包的安装方法。
2. 掌握 named 服务的管理方法。
3. 熟练掌握 DNS 服务器的配置步骤。
4. 掌握常用的 DNS 测试工具的用法。

16.1 BIND 软件

在 Linux 系统上使用 BIND 软件实现 DNS 服务。BIND 属于开源软件，发展到 9，已经是一个非常成熟稳定灵活的 DNS 系统。BIND 和其他大多数开源软件不同，使用 MPL（The Mozilla Public License）2.0 许可证。该许可证同大名鼎鼎的 GPL 很多内容相同，但是也有显著区别，例如，MPL 协议允许免费修改、重新发布，但是规定修改后的代码版权仍然归软件的发起者。

基于 Linux 的 DNS 服务器概述

BIND 的软件包名为 bind，另外还有两个辅助软件包 bind-utils 和 bind-chroot。

bind 为 BIND 的主软件包，bind-utils 提供了 DNS 的一些检测工具，bind-chroot 提供了 CHROOT 运行环境。安装命令为：

```
yum -y install bind bind-utils bind-chroot
```

CHROOT 环境提升了 BIND 的安全性，能改变进程看到的系统根目录。在安装了 CHROOT 后，BIND 看到的系统根目录实际上只是 "/var/named/chroot/" 这个虚拟根目录。这样做的好处是即使 BIND 遭到入侵，入侵者也只能进入到系统的一个虚拟根目录中，使系统整体性安全风险被降至最低。

查看本机 bind、bind-utils、bind-chroot 软件包版本的命令为：

```
rpm -q bind bind-utils bind-chroot
bind-9.11.4-16.P2.el7_8.6.x86_64
bind-utils-9.11.4-16.P2.el7_8.6.x86_64
bind-chroot-9.11.4-16.P2.el7_8.6.x86_64
```

16.2　DNS 服务器配置

●视频

基于Linux的
DNS服务器配置

16.2.1　DNS 服务管理

设置 CHROOT 的工作环境：

```
/usr/libexec/setup-named-chroot.sh /var/named/chroot on
```

CentOS 7 的普通模式 DNS 服务名为 named，chroot 模式 DNS 服务名为 named-chroot。

启动、重启、停止、查看 named-chroot 服务的命令为：

```
systemctl start|restart|stop|status named-chroot
```

设置 named-chroot 服务开机自启和禁止开机自启的命令为：

```
systemctl enable|disable named-chroot
```

启动、重启、停止、查看 named 服务的命令为：

```
systemctl start|restart|stop|status named
```

设置 named 服务开机自启和禁止开机自启的命令为：

```
systemctl enable|disable named
```

【注意】启用 CHROOT 服务后 DNS 服务器会把 /var/named/chroot 当做系统根目录。这时 named 进程会从 /var/named/chroot 这个虚拟的根目录下读取相关文件。不过现在的 CentOS/RHEL 版本都把需要的目录和文件使用 "mount --bind" 命令映射进了虚拟根目录，因此，直接按原路径配置就可以了。

16.2.2　DNS 服务器相关文件介绍

DNS 服务器所需的文件如表 16-1 所示。

表 16-1　DNS 相关文件

文　件	功　　能	文　件	功　　能
/usr/sbin/rndc	BIND 的控制工具	/etc/rndc.key	rndc DNS 工具使用的秘钥文件
/etc/named.conf	DNS 主配置文件	/var/named/named.ca	存放 DNS 根服务器信息
/etc/named.rfc1912.zones	主配置文件扩展文件，存放各个区域的声明	/var/named/named.localhost	存放 localhost 向 127.0.0.1 的正向解析记录

文　件	功　能	文　件	功　能
/var/named/	存放区域数据文件	/var/named/named.loopback	存放 127.0.0.1 向 localhost 的反向解析记录
/etc/named.iscdlv.key	named 守护进程的秘钥文件		

16.2.3　DNS 服务器配置过程

1. 主配置文件——/etc/named.conf

named.conf 文件的注释语句格式有 3 种：

```
/* 注释内容 */
// 注释内容
# 注释内容
```

文件的默认配置如下：

```
options {
        listen-on port 53 { 127.0.0.1; };              // 监听的端口和网络接口
        listen-on-v6 port 53 { ::1; };
        directory        "/var/named";                 // 区域数据文件目录
        dump-file        "/var/named/data/cache_dump.db";
        statistics-file "/var/named/data/named_stats.txt";
        memstatistics-file "/var/named/data/named_mem_stats.txt";
        recursing-file  "/var/named/data/named.recursing";
        secroots-file   "/var/named/data/named.secroots";
        allow-query      { localhost; };               // 允许连接的客户端
        recursion yes;                                 // 递归查询
        dnssec-enable yes;
        dnssec-validation yes;
        bindkeys-file "/etc/named.root.key";           // 秘钥文件位置
        managed-keys-directory "/var/named/dynamic";
        pid-file "/run/named/named.pid";
        session-keyfile "/run/named/session.key";
};

logging {                                              // 配置日志
        channel default_debug {
                file "data/named.run";                 // 运行状态信息
                severity dynamic;
        };
};

zone "." IN {                                          // 根域区域信息
        type hint;
        file "named.ca";                               // 根域数据文件
};

include "/etc/named.rfc1912.zones";        // 区域扩展文件
include "/etc/named.root.key";
```

通常情况下这个主配置文件需要修改的内容不多，一般需要进行如下配置：

```
listen-on port 53 { any; };          // 监听本机所有接口的 53 号端口
allow-query      { any; };          // 允许所有客户端查询
```

2. 扩展配置文件——/etc/named.rfc1912.zones

扩展配置文件主要用来存放各个区域的声明，声明中包括区域名、区域类型和区域数据文件等信息。

区域声明格式为：

```
zone "区域名" IN {
        type 区域类型；
        file "区域数据文件"；
        其他字句；
};
```

【格式说明】

①区域名：声明区域的域名，例如"abc.com"和"cdpc.edu.cn"。

②区域类型：区域类型如表 16-2 所示。

表 16-2　区域类型

区 域 类 型	说　明
master	说明服务器对该区域为主域名服务器
hint	说明服务器对该区域为高速缓存域名服务器
slave	说明服务器对该区域是辅助域名服务器

③区域数据文件。区域数据文件用于存储当前区域内的解析记录，例如主机名及其对应的 IP 地址、邮件交换记录等。

【示例】某单位的域名为"test.com"，网段为"192.168.10.0/24"，则应在扩展配置文件 /etc/named.rfc1912.zones 末尾添加如下正向解析区域声明和反向解析区域声明：

```
zone "test.com" IN {                        // 正向解析区域声明
        type master;
        file "test.com.db";
        allow-update { none; };
};
zone "10.168.192.in-addr.arpa" IN {         // 反向解析区域声明
        type master;
        file "10.168.192.db";
        allow-update { none; };
};
```

【注意】反向区域名字的前半部分是网络号，但是需要倒着写。例如，网络号为"192.168.10.0"，区域要写成"10.168.192.in-addr.arpa"。

3. 正向解析区域数据文件

正向解析区域文件中包括了若干个资源记录，例如 SOA、NS、A、CNAME、MX 等。资源记录的标准格式是：

```
[ 域对象名 ]    [ttl]   IN    类型    资源数据
```

【格式说明】

①域对象名：包括域名（含主机名）、"@"（默认域，也就是当前域）、"."（根域）、空值（最后一个带有名字的域对象）。

② ttl：以秒为单位的生命周期，表示资源记录可以在缓存中存放的时间。如果省略则使用 $TTL 的值。

③ IN：表示当前资源记录为 Internet 资源记录。

④类型：资源记录的类型。常用的记录类型如表 16-3 所示。

表 16-3　常用资源记录类型

资源类型	说　明
SOA	起始授权记录，这条资源记录用于控制整个区域
NS	区域的 DNS 服务器
A	IPv4 主机记录，用于把主机名转换为一个 IPv4 地址
AAAA	IPv6 主机记录，用于把主机名转换为一个 IPv6 地址
PTR	指针记录，用于把一个 IP 地址转换为主机名
MX	邮件交换记录
CNAME	主机别名记录

/var/named/named.empty 提供了一个区域数据文件的模板，其属性如下：

```
ll /var/named/named.empty
-rw-r----- 1 root named 152 12 月 15 2009 /var/named/named.empty
```

内容如下：

```
$TTL 3H                                    // 默认生命周期 3 小时
@       IN SOA  @ rname.invalid. (
                    0       ; serial       // 版本号
                    1D      ; refresh      // 辅助域名服务器记录刷新时间
                    1H      ; retry        // 重试时间
                    1W      ; expire       // 过期时间
                    3H )    ; minimum      // 记录最小生存时间
        NS      @                          //DNS 服务器名
        A       127.0.0.1                  //IPv4 主机记录
        AAAA    ::1                        //IPv6 主机记录
```

SOA（起始授权记录）是区域数据文件中比较重要的资源记录，因为 SOA 记录了整个区域的基本属性。SOA 的标准格式为：

```
@       IN SOA  DNS 主机名 管理员邮件地址 (
                区域数据版本号
                刷新时间
                重试时间
                过期时间
                记录最小生存时间 )
```

【格式说明】

①"@"：代表当前区域的名字。

② IN：代表当前资源记录为 Internet 资源记录。

③ SOA：代表当前资源记录类型为起始授权记录。

④管理员邮件地址：管理当前域的管理员的电子邮件地址，常规的电子邮件格式为"账户 @ 域名"，这里的"@"用"."代替，而且域名最后也需要再加一个"."。

⑤区域数据版本号：是一个序号，代表当前区域数据的修改版本号，数越大越新。用于辅助 DNS 服务器或缓存 DNS 服务器进行数据比对。

主机记录、别名记录、邮件交换记录、指针记录格式分别为：

```
主机名          A          IP 地址
主机别名        CNAME      主机名
@              MX         优先级          邮件服务器名

主机地址        PTR        IP 地址
```

【格式说明】

①邮件交换记录：用于邮件系统中指明负责域中电子邮件交换的服务器名。

②优先级：设置电子邮件服务器的优先级，数字越小优先级越高。

③主机地址：IP 地址的构成为"网络地址 + 主机地址"，这里指后者。指针记录"PTR"用于反向解析区域数据文件。

【示例】dns 服务器的 IP 地址为 192.168.10.132，配置正向解析区域"test.com"的区域数据文件"test.com.db"过程如下：

```
cp -p /var/named/named.empty  /var/named/test.com.db    // 带属性复制
vim /var/named/test.com.db
$TTL 3H
@       IN SOA  dns.test.com. zqt.test.com. (
                                    2020060601     ; serial
                                    1D             ; refresh
                                    1H             ; retry
                                    1W             ; expire
                                    3H )           ; minimum
        NS      dns.test.com.               //DNS 服务器名
        A       192.168.10.10               // 直接域名解析记录
dns     A       192.168.10.132              // 主机记录
www     A       192.168.10.10
home    CNAME   www                         // 别名记录
ftp     A       192.168.10.20
mail    A       192.168.10.30
@       MX      10      mail.test.com.      // 邮件交换记录
```

4. 反向解析区域数据文件

反向解析区域文件和正向解析区域文件的格式一样，也有一样格式的 SOA、NS 等记录，不同的是取代大量的主机记录（A），反向解析区域文件主要以指针记录"PTR"为主。每个指针记录都是一个 IP 地址和一个主机名的对应关系。

【示例】配置反向解析区域"192.168.10.0"的区域数据文件"10.168.192.db"。

```
cp -p /var/named/named.empty  /var/named/10.168.192.db        // 带属性复制
vim /var/named/10.168.192.db
```

```
$TTL 3H
@       IN SOA  dns.test.com. zqt.test.com. (
                                2020060601      ; serial
                                1D              ; refresh
                                1H              ; retry
                                1W              ; expire
                                3H )            ; minimum
        NS      dns.test.com.                   //DNS 服务器名
132     PTR     dns.test.com.                   // 指针记录
10      PTR     www.test.com.
20      PTR     ftp.test.com.
30      PTR     mail.test.com.
```

5. 启动服务

工作在 chroot 模式可以增强 named 服务安全性，但是这并非必选项。chroot 模式服务名为 named-chroot，普通模式服务名为 named。两个服务只能选择启动其中之一，同时启动会发生错误。

（1）普通模式启动服务

```
systemctl start named
systemctl enable named                  # 设置服务开机自启
```

（2）chroot 模式启动服务

停用 named 服务，并取消开机自启：

```
systemctl stop named
systemctl disable named
```

启动 named-chroot 服务，并设置为开机自启：

```
systemctl start named-chroot
systemctl enable named-chroot
```

这时，named 服务已经按 chroot 模式启动了。

6. 故障排查

修改完配置文件需要重启 named 或 named-chroot 服务使配置生效。如果修改配置文件时不慎发生语法错误，将会导致服务启动失败。这时可以使用下面 3 种方式查看错误信息：

①使用 systemctl status named-chroot 或 systemctl status named 查看错误信息。

②使用"journalctl -xe"命令查看错误信息。

③查看主日志文件"/var/log/messages"新生成的错误信息，例如：tail -15 /var/log/messages。

16.3　DNS 客户端配置和测试

1. 修改客户端 IP 地址

简单起见，DNS 客户端需要把 IP 地址配置在 DNS 服务器所在网段，并把 DNS 服务器 IP 指向自己配置的 DNS 服务器。待测试的 DNS 服务器 IP 地址为 192.168.10.132，则 Linux 客户端网卡配置文件 /etc/sysconfig/network-scripts/ifcfg-ens33 的部分配置选项如下：

```
TYPE=Ethernet
BOOTPROTO=static
```

```
NAME=ens33
UUID=ab972e9c-3056-45f5-a0d9-a78ec1a9983a
DEVICE=ens33
ONBOOT=yes
IPADDR=192.168.10.200
PREFIX=24
DNS1=192.168.10.132
```

2. 正向解析记录测试

可以使用 BIND 自带的测试工具 nslookup 进行测试。正向解析记录测试：

```
nslookup
> set type=A
> www.test.com
Server:          192.168.10.132
Address:         192.168.10.132#53

Name:    www.test.com
Address: 192.168.10.10
> home.test.com
Server:          192.168.10.132
Address:         192.168.10.132#53

home.test.com    canonical name = www.test.com.
Name:    www.test.com
Address: 192.168.10.10
> mail.test.com
Server:          192.168.10.132
Address:         192.168.10.132#53

Name:    mail.test.com
Address: 192.168.10.30
```

3. 反向解析记录测试

```
nslookup
> set type=PTR
> 192.168.10.10
10.10.168.192.in-addr.arpa      name = www.test.com.
> 192.168.10.20
20.10.168.192.in-addr.arpa      name = ftp.test.com.
> 192.168.10.30
30.10.168.192.in-addr.arpa      name = mail.test.com.
> 192.168.10.132
132.10.168.192.in-addr.arpa     name = dns.test.com.
```

4. 邮件交换记录测试

```
nslookup
> set type=mx
> test.com
Server:          192.168.10.132
Address:         192.168.10.132#53

test.com         mail exchanger = 10 mail.test.com.
```

16.4　综合应用

某单位 DNS 服务器进行了如下规划：

①单位域名为 cdpc.edu.cn，单位的 IP 地址网段为 210.31.208.0/24。

②单位内部规划了表 16-4 所示的服务器名和 IP 地址。

表 16-4　服务器名和 IP 地址规划

服务器名	IP 地址	说　明
dns.cdpc.edu.cn	210.31.208.8/24	DNS 服务器
www.cdpc.edu.cn	210.31.208.1/24	Web 服务器
home.cdpc.edu.cn	www 的别名	Web 服务器
mail.cdpc.edu.cn	210.31.208.2/24	邮件服务器

根据规划，进行 DNS 服务器配置并测试。

视频●······

基于Linux的
DNS服务器
综合应用

1. 软件包安装及 CHROOT 环境配置

```
yum -y install bind bind-utils bind-chroot
/usr/libexec/setup-named-chroot.sh /var/named/chroot on
```

2. 修改 IP 地址

修改网卡配置文件 /etc/sysconfig/network-scripts/ifcfg-ens33：

```
vim /etc/sysconfig/network-scripts/ifcfg-ens33
TYPE="Ethernet"
BOOTPROTO="static"
NAME="ens33"
UUID="b58db7a5-0ed5-48ee-b12f-e8adacb4ef74"
DEVICE="ens33"
ONBOOT="yes"
IPADDR=210.31.208.8
PREFIX=24
GATEWAY=210.31.208.254
DNS1=127.0.0.1
systemctl restart network                        #重启网络服务
```

3. 修改主配置文件和扩展配置文件

修改主配置文件 /etc/named.conf

```
...
listen-on port 53 { any; };
...
allow-query     { any; };
...
```

修改扩展配置文件 /etc/named.rfc1912.conf

```
zone "cdpc.edu.cn" IN {
        type master;
        file "cdpc.edu.cn.db";
```

```
            allow-update { none; };
};
zone "208.31.210.in-addr.arpa" IN {
        type master;
        file "208.31.210.db";
        allow-update { none; };
};
```

4. 创建并修改正向和反向区域数据文件

通过复制 named.empty 模板文件方式创建正反向区域数据文件：

```
cp -p /var/named/named.empty /var/named/cdpc.edu.cn.db
cp -p /var/named/named.empty /var/named/208.31.210.db
```

以上命令等价于：

```
cp -p /var/named/{named.empty,cdpc.edu.cn.db}
cp -p /var/named/{named.empty,208.31.210.db}
```

修改正向区域文件：

```
vim /var/named/cdpc.edu.cn.db
$TTL 3H
@       IN SOA  dns.cdpc.edu.cn. zqt.cdpc.edu.cn. (
                                2020060701      ; serial
                                1D              ; refresh
                                1H              ; retry
                                1W              ; expire
                                3H )            ; minimum
        NS      dns.cdpc.edu.cn.
        A       210.31.208.1
dns     A       210.31.208.8
www     A       210.31.208.1
home    CNAME   www
mail    A       210.31.208.2
@       MX      5       mail.cdpc.edu.cn.
```

修改反向区域文件：

```
vim /var/named/208.31.210.db
$TTL 3H
@       IN SOA  dns.cdpc.edu.cn. zqt.cdpc.edu.cn. (
                                2020060701      ; serial
                                1D              ; refresh
                                1H              ; retry
                                1W              ; expire
                                3H )            ; minimum
        NS      dns.cdpc.edu.cn.
8       PTR     dns.cdpc.edu.cn.
1       PTR     www.test.com.
2       PTR     ftp.test.com.
```

5. 启动 named-chroot 服务

```
systemctl restart named-chroot
systemctl enable named-chroot
```

6. 解析测试

```
nslookup
> set type=A                        // 正向解析测试
> cdpc.edu.cn                       // 直接域名解析
Server:          127.0.0.1
Address:         127.0.0.1#53

Name:   cdpc.edu.cn
Address: 210.31.208.1
> www.cdpc.edu.cn
Server:          127.0.0.1
Address:         127.0.0.1#53

Name:   www.cdpc.edu.cn
Address: 210.31.208.1
> mail.cdpc.edu.cn
Server:          127.0.0.1
Address:         127.0.0.1#53

Name:   mail.cdpc.edu.cn
Address: 210.31.208.2
> home.cdpc.edu.cn
Server:          127.0.0.1
Address:         127.0.0.1#53

home.cdpc.edu.cn        canonical name = www.cdpc.edu.cn.
Name:   www.cdpc.edu.cn
Address: 210.31.208.1
> set type=PTR                      // 反向解析测试
> 210.31.208.1
1.208.31.210.in-addr.arpa       name = www.test.com.
> 210.31.208.2
2.208.31.210.in-addr.arpa       name = ftp.test.com.
> 210.31.208.8
8.208.31.210.in-addr.arpa       name = dns.cdpc.edu.cn.
> set type=MX                       // 邮件交换记录测试
> cdpc.edu.cn
Server:          127.0.0.1
Address:         127.0.0.1#53

cdpc.edu.cn     mail exchanger = 5 mail.cdpc.edu.cn.
```

本章小结

本章主要介绍了以下内容：

1. BIND 软件介绍。

2. 使用 BIND 进行 DNS 服务器配置。

3. DNS 服务器解析测试。

4. 配置综合案例。

课后练习

一、选择题

1. Linux 下的 DNS 服务器主软件包是（　　）。

    A. dns　　　　　　　　B. named　　　　　　C. bind　　　　　　D. bind-chroot

2. DNS 服务的启动命令是（　　）。

    A. systemctl start named-chroot　　　　　B. systemctl status named

    C. systemctl start bind　　　　　　　　　D. systemctl status bind

3. DNS 服务器主配置文件是（　　）。

    A. /etc/named/named.conf　　　　　　　B. /var/named/named.conf

    C. /var/named/named_rfc1912.conf　　　　D. /etc/named.conf

4. 测试 DNS 服务器的命令是（　　）。

    A. ifconfg　　　　　B. ip address　　　　C. nslookup　　　　D. ipconfig

二、思考题

1. CHROOT 模式增强 DNS 服务器安全性的原理是什么？

2. 如何配置高速缓存服务器？

实验指导

【实验目的】

掌握 Linux 下 DNS 服务器的配置方法。

【实验环境】

一台安装了 CentOS 7 操作系统的虚拟机或物理机。

【实验内容】

1. 安装 DNS 服务器相关软件包。

2. 配置服务器 IP 地址为 192.168.10.100，子网掩码 255.255.255.0，默认网关 192.168.10.1，DNS 地址为 127.0.0.1。

3. DNS 服务器规划如下：

（1）区域为 abc.com。

（2）区域类型为主区域。

（3）资源记录如表 16-5 所示。

表 16-5　资源记录

服 务 器 名	IP 地 址	说　　明
dnsserver.abc.com	192.168.10.100/24	DNS 服务器
www.abc.com	192.168.10.101/24	Web 服务器
home.abc.com	—	www 的别名
mailserver.abc.com	192.168.10.200/24	邮件服务器

（4）配置 DNS 服务器可以进行正向和反向解析。

4. 使用 nslookup 命令进行解析测试。

第 17 章

Linux Web 服务器配置

导学

　　企业级的 Web 服务器大量使用 Linux 系统。Apache 作为一个跨平台的 Web 服务器软件，被广泛安装在 Linux 平台上。据 w3techs.com 网站所做的最新 Web 服务器市场调研报告显示，Apache 占据了 37.9% 的市场份额，稳居第一，排名第二的是 nginx，占 32.2%。

　　学习本章前，请思考：在 CentOS 7 下如何安装 Apache？如何进行配置？

学习目标

1. 了解 Apache 服务器的安装软件包和安装方法。
2. 熟练掌握 Apache 服务器的基本配置方法。
3. 掌握 Apache 虚拟主机的配置方法。
4. 掌握 nginx 服务器的安装和基本配置方法。

17.1　Apache 简介

　　Apache HTTP Server 简称 Apache，是 Apache 基金会的一个开源 Web 服务器软件。除了 Linux 平台，Apache 几乎可以运行在目前所有的主流网络操作系统上。作为 Apache 基金会最重要的开源项目，Apache HTTP Server 软件已经与 Linux、MySQL、PHP 组成了著名的 LAMP 技术栈，为企业 Web 应用提供了免费开源且功能强大的完整动态网站解决方案。LAMP 已经成为目前互联网的基础性技术之一。

　　Apache HTTP Server 的官方网站为 http://httpd.apache.org/，在这里可以下载到最新版的 Apache。当然，在 CentOS 7 的安装光盘或官方 yum 源也能找到 Apache 软件包，软件包名为 httpd。

17.2　Apache 基本配置

17.2.1　安装 Apache

视频 ●┄┄┄

Apache 基本
配置

Apache 服务器的软件包名为 httpd。另外，常用的还有 HTTPS 模块，软件包名为 mod_ssl。HTTPS 在 HTTP 协议基础上加入了 SSL 层，可以对传输过程进行加密，从而获得更高的安全性。和 HTTP 使用默认 80 端口号不同，HTTPS 默认使用 443 端口号。

安装命令为：

```
yum -y install httpd mod_ssl
```

Apache 服务器的服务名为 httpd，开始、重启、停止和查看服务状态的命令为：

```
systemctl start|restart|stop|status httpd
```

17.2.2　测试 Apache 服务

开始 httpd 服务：

```
systemctl start httpd
```

关闭防火墙和 SELinux：

```
systemctl stop firewalld
setenforce 0
```

查看网卡 IP 地址：

```
ip addr show ens33|grep inet
inet 192.168.10.10/24 brd 192.168.10.255 scope global noprefixroute ens33
inet6 fe80::dd90:6b95:f866:d45/64 scope link noprefixroute
```

打开浏览器输入 Apache 服务器的 IP 地址，显示图 17-1 所示界面，说明 Apache 服务工作正常。

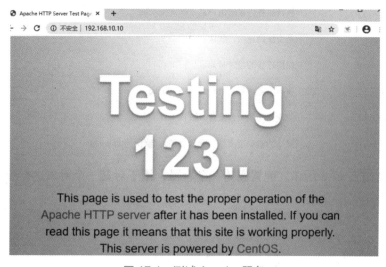

图 17-1　测试 Apache 服务

17.2.3　配置 Apache

Apache 相关文件如表 17-1 所示。

表 17-1　Apache 相关文件

文　件	说　明	文　件	说　明
/etc/httpd/conf/httpd.conf	Apache 主配置文件	/var/www/html/	站点文档根目录
/etc/httpd/conf.d/*.conf	扩展配置文件	/usr/share/doc/httpd-2.4.6/*.conf	配置文件模板

　　主配置文件 /etc/httpd/conf/httpd.conf 和扩展配置文件 /etc/httpd/conf.d/*.conf 内容主要由配置指令和各个配置段构成。

　　常用配置指令如表 17-2 所示。

表 17-2　Apache 常用配置指令

配　置　指　令	说　明
ServerName	服务器名和端口号
ServerAdmin	管理员邮件地址
ServerSignature	各种由服务器生成的页面的页脚信息，例如错误信息、目录列表等
ServerTokens	控制服务器给客户端的回应中是否包含操作系统信息、模块描述信息等
ServerRoot	Apache 根目录，也就是安装目录
DocumentRoot	文档的根目录
CustomLog	日志文件路径
Listen	监听的 IP 地址和端口号，默认 80
User	执行服务进程的用户名，默认 apache
KeepAlive	是否保持连接，默认 on
KeepAliveTimeout	保持连接的超时时间
Group	执行服务进程的组名，默认 apache
MaxKeepAliveRequests	每次连接最大请求数，默认 100
DirectoryIndex	默认的索引页文档（默认文档），默认为 index.html

　　常用的配置段如表 17-3 所示。配置段为一个容器，用于对某一个对象进行配置。

表 17-3　Apache 常用配置段

配　置　段	说　明
<Directory></Directory>	对指定目录进行配置
<Files></Files>	对指定文件进行配置

续表

配 置 段	说　　明
`<Location></Location>`	对指定 URL 进行配置
`<Limit></Limit>`	对指定 HTTP 方法进行配置
`<VirtualHost></VirtualHost>`	对指定虚拟主机进行配置

主配置文件 httpd.conf 默认配置如下：

```
ServerRoot "/etc/httpd"                    //Apache 根目录
Listen 80                                  // 监听 80 端口
Include conf.modules.d/*.conf              // 包含动态模块加载配置文件
User apache                                // 执行服务进程的用户
Group apache                               // 执行服务进程的组
ServerAdmin root@localhost                 //Apache 管理员的电子邮件地址
<Directory />                              // 设置 Apache 根目录访问控制
    AllowOverride none                     // 禁止基于目录的配置文件
    Require all denied                     // 禁止所有客户端访问 Apache 根目录
</Directory>
DocumentRoot "/var/www/html"               // 配置文档根目录为 /var/www/html
<Directory "/var/www">                     // 设置 /var/www 目录访问控制
    AllowOverride None
    Require all granted                    // 允许所有客户端访问 /var/www/html 目录
</Directory>
<Directory "/var/www/html">
    Options Indexes FollowSymLinks         // 允许此目录生成目录列表和链接跟随
    AllowOverride None
    Require all granted
</Directory>
<IfModule dir_module>
    DirectoryIndex index.html              // 指定目录默认索引页为 index.html
</IfModule>
<Files ".ht*">
    Require all denied
</Files>
ErrorLog "logs/error_log"                  // 指定错误日志文件路径
LogLevel warn                              // 指定日志级别
<IfModule log_config_module>               // 定义访问日志的格式
    LogFormat "%h %l %u %t \"%r\" %>s %b \"%{Referer}i\" \"%{User-Agent}i\""
combined
    LogFormat "%h %l %u %t \"%r\" %>s %b" common
    <IfModule logio_module>
        LogFormat "%h %l %u %t \"%r\" %>s %b \"%{Referer}i\" \"%{User-Agent}i\"
%I %O" combinedio
    </IfModule>
    CustomLog "logs/access_log" combined   // 指定访问日志的路径和格式
</IfModule>
<IfModule alias_module>
```

```
         ScriptAlias /cgi-bin/ "/var/www/cgi-bin/"
</IfModule>
<Directory "/var/www/cgi-bin">
    AllowOverride None
    Options None
    Require all granted
</Directory>
<IfModule mime_module>
    TypesConfig /etc/mime.types
    AddType application/x-compress .Z
    AddType application/x-gzip .gz .tgz
    AddType text/html .shtml
    AddOutputFilter INCLUDES .shtml
</IfModule>
AddDefaultCharset UTF-8                    // 指定默认字符集
<IfModule mime_magic_module>
    MIMEMagicFile conf/magic
</IfModule>
EnableSendfile on                         // 启用 Sendfile
IncludeOptional conf.d/*.conf             // 包含扩展配置文件
```

默认情况下，只需要把自己的网页文件放在 /var/www/html/ 目录下就可以浏览了。但是如果想要实现更多的控制，就需要修改主配置文件或者扩展配置文件了。

17.3 别名和目录浏览

17.3.1 别名

使用别名可以把站点主目录以外的文档或目录映射进站点，相当于 Windows Server IIS 的虚拟目录。别名指令为 Alias，格式如下：

```
Alias /< 虚拟目录 > "< 文件系统中真实目录 >"
Alias /< 虚拟文件 >  "< 文件系统中真实文件 >"
```

别名指令可以直接添加到 /etc/httpd/conf.d/autoindex.conf 中，也可以在 /etc/httpd/conf.d/ 目录中另外建立独立的 *.conf 文件。

【示例】若网站中所有图片都被集中存放在 /usr/share/pics/ 目录下，但是网站中对图片都是以 /pics/ 路径进行引用，在 autoindex.conf 中建立别名以实现这个功能。

```
vim /etc/httpd/conf.d/autoindex.conf
…
Alias /pics/ "/usr/share/pics/"
…
```

以上配置将会把 URL "http:// 服务器名 /pics/" 映射到 "/usr/share/pics/"，例如，http://192.168.10.10/pics/bg.png，实际访问的是服务器 /usr/share/pics/bg.png。

17.3.2 目录浏览

在 <Directory></Directory> 配置段中可以使用 "Option" 指令为目录设置服务特性，比如浏览。

Option 指令的使用格式为：

```
Option <选项> ...
```

常用选项如表 17-4 所示。

表 17-4　Option 指令常用选项

选　　项	说　　明
ALL	默认值，启用除 MultiViews 外所有特性
None	不启用任何额外特性
FollowSymLinks	启用符号链接跟随
Indexes	启用目录浏览。当 URL 请求的是一个目录，且目录中不存在默认索引文件时，允许列出文件列表
MultiViews	允许使用 mod_negotiation 的多重视图

【说明】除了 ALL 和 None 外，其他选项前允许添加 "+" 或 "-"，表示在原特性基础上增加或减少相应特性。

【示例】新建扩展配置文件 /etc/httpd/conf.d/mydownload.conf，在该文件里新建别名 "/download/"，映射为 "/usr/share/download/"，并设置该目录允许浏览。

```
touch /etc/httpd/conf.d/mydownload.conf
vim /etc/httpd/conf.d/mydownload.conf

Alias /download/ "/usr/share/download/"
<Directory /usr/share/download/>
        Options Indexes FollowSymlinks         // 允许目录浏览和符号链接跟随
        IndexOptions +FoldersFirst             // 目录列在前面
        Require local                          // 允许本机访问
        Require ip 192.168.10.0/24             // 允许 192.168.10.0/24 访问
</Directory>
```

对上例进行测试，测试结果如图 17-2 所示。

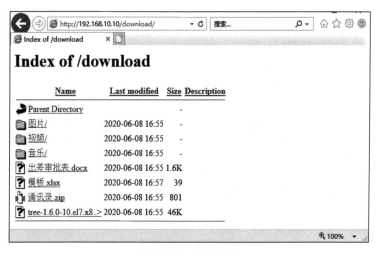

图 17-2　测试结果

17.4 Apache 虚拟主机配置

虚拟主机就是在同一台物理主机上配置多个站点，每一个站点就是一个虚拟主机。前面的章节中介绍了基于 IIS 的 Web 服务器上虚拟主机有 3 种实现方式：基于端口、基于 IP 地址和基于域名。在 Apache 上虚拟主机也通过这 3 种方式实现。

17.4.1 基于端口号的虚拟主机

基于端口号的虚拟主机可以直接在主配置文件 /etc/httpd/conf/httpd.conf 中进行配置。为了维护的方便性，建议使用单独的配置文件，也就是在 /etc/httpd/conf.d/ 目录下新建一个 *.conf 文件。

【示例】假如由于业务需要，某公司需要在同一台服务器上搭建两个 Web 服务器：外网服务器和内网服务器。创建两个基于端口号的虚拟主机，要求如下：

- 规划使用相同 IP 地址、不同端口号对两台虚拟主机进行访问。
- 内部站点端口号 8000，外部站点端口号 8080。
- 内部站点只允许 192.168.10.0/24 网段访问，外部站点允许所有客户端访问。
- 内部站点文档主目录 /var/www/html/internal/，外部站点文档主目录 /var/www/html/external/。

配置步骤如下：

1. 修改和查看 IP 地址

```
vim /etc/sysconfig/network-scripts/ifcfg-ens33          // 修改网络连接配置文件
TYPE="Ethernet"
BOOTPROTO="static"
NAME="ens33"
UUID="b58db7a5-0ed5-48ee-b12f-e8adacb4ef74"
DEVICE="ens33"
ONBOOT="yes"
IPADDR=192.168.10.10                                     // 配置 IP 地址
PREFIX=24
GATEWAY=192.168.10.2
DNS1=192.168.10.2
ip addr show ens33|grep 'inet '                          // 查看 IP 地址配置结果
inet 192.168.10.10/24 brd 192.168.10.255 scope global noprefixroute ens33
```

2. 创建目录和网页

（1）创建站点目录

```
mkdir /var/www/html/internal/                            // 创建内部站点主目录
mkdir /var/www/html/external/                            // 创建外部站点主目录
# 以上两句相当于 mkdir /var/www/html/{internal,external}
```

（2）创建站点主目录索引文档（默认文档）

```
touch /var/www/html/internal/index.html                  // 创建内部站点索引文档
touch /var/www/html/external/index.html                  // 创建外部站点索引文档

vim /var/www/html/internal/index.html                    // 编辑内部站点索引文档
```

```
<html>
  <head>
        <title>内部网站</title>
  </head>
    <body>
        <h2>欢迎访问内部站点</h2>
    </body>
</html>

vim /var/www/html/external/index.html          // 编辑外部站点索引文档
<html>
  <head>
        <title>外部网站</title>
  </head>
    <body>
        <h2>欢迎访问外部站点</h2>
    </body>
</html>
```

3. 修改 Apache 配置文件

```
vim /etc/httpd/conf.d/vhost.conf
Listen 8000                                     // 监听 8000 端口
Listen 8080                                     // 监听 8080 端口

<VirtualHost 192.168.10.10:8000>                // 配置内网虚拟主机
  DocumentRoot "/var/www/html/internal/"
  <Directory "/var/www/html/internal/">
    Require local                               // 允许本机访问
    Require ip 192.168.10.0/24                  // 允许内网客户访问
    Require all denied                          // 禁止其他网段客户访问
  </Directory>
</VirtualHost>

<VirtualHost 192.168.10.10:8080>                // 配置外网虚拟主机
  DocumentRoot "/var/www/html/external/"
  <Directory "/var/www/html/external/">
    Require local                               // 本机允许访问
    Require all granted                         // 允许一切客户访问
  </Directory>
</VirtualHost>

systemctl restart httpd                         // 重启 httpd 服务
```

4. 访问测试

在处于同一个网段 Windows 10 系统上分别启动浏览器，输入网址"http://192.168.10.10:8000"和"http://192.168.10.10:8080"，显示如图 17-3（a）和图 17-3（b）所示的页面。

(a) 访问内部站点

(b) 访问外部站点

图 17-3　访问基于端口的虚拟主机

17.4.2　基于 IP 地址的虚拟主机

虚拟主机的目录、索引文档和访问权限要求同 17.4.1。不同的是两台虚拟主机要求都使用默认端口号 80，内部站点绑定 IP 地址 192.168.10.10，外部站点绑定 IP 地址 192.168.10.20。

1. 配置网络连接 IP 地址

```
vim /etc/sysconfig/network-scripts/ifcfg-ens33          // 编辑网络连接配置文件
TYPE="Ethernet"
BOOTPROTO="static"
NAME="ens33"
UUID="b58db7a5-0ed5-48ee-b12f-e8adacb4ef74"
DEVICE="ens33"
ONBOOT="yes"
IPADDR=192.168.10.10                                    // 添加第 1 个 IP 地址
PREFIX=24
IPADDR1=192.168.10.20                                   // 添加第 2 个 IP 地址
PREFIX1=24
GATEWAY=192.168.10.2
DNS1=192.168.10.2

systemctl restart network                               // 重启网络服务使配置生效
ip addr show ens33|grep 'inet'                          // 查看 IP 地址配置结果
inet 192.168.10.10/24 brd 192.168.10.255 scope global noprefixroute ens33
inet 192.168.10.20/24 brd 192.168.10.255 scope global secondary noprefixroute ens33
```

2. 修改 Apache 配置文件

```
vim /etc/httpd/conf.d/vhost.conf
<VirtualHost 192.168.10.10 >                            // 配置内网虚拟主机
  DocumentRoot "/var/www/html/internal/"
  <Directory "/var/www/html/internal/">
    Require local                                       // 允许本机访问
    Require ip 192.168.10.0/24                          // 允许内网客户访问
    Require all denied                                  // 禁止其它网段客户访问
  </Directory>
</VirtualHost>

<VirtualHost 192.168.10.20 >                            // 配置外网虚拟主机
  DocumentRoot "/var/www/html/external/"
```

```
<Directory "/var/www/html/external/">
   Require local                    // 本机允许访问
   Require all granted              // 允许一切客户访问
</Directory>
</VirtualHost>

systemctl restart httpd            // 重启 httpd 服务
```

3. 访问测试

在 Windows 10 上，分别使用网址"http://192.168.10.10"和"http://192.168.10.20"访问两台虚拟主机，显示如图 17-4（a）和图 17-4（b）所示页面。

(a) 访问内部站点　　　　　　　　　　　　　(b) 访问外部站点

图 17-4　访问基于 IP 地址的虚拟主机

17.4.3　基于域名的虚拟主机

虚拟主机的目录、索引文档和访问权限要求同 17.4.1。不同的是两台虚拟主机均绑定 IP 地址 192.168.10.10，端口 80（默认端口），内部站点使用 home.test.com 访问，外部站点使用 www.test.com 访问。

1. 查看网络连接 IP 地址

```
ip addr show ens33|grep 'inet'            // 查看 IP 地址
inet 192.168.10.10/24 brd 192.168.10.255 scope global noprefixroute ens33
```

2. 修改 Apache 配置文件

```
vim /etc/httpd/conf.d/vhost.conf
NameVirtualHost 192.168.10.10             // 启用该 IP 基于主机名的虚拟主机
<VirtualHost 192.168.10.10 >              // 配置内网虚拟主机
   DocumentRoot "/var/www/html/internal/"
   ServerName home.test.com               // 绑定主机名 home.test.com
   <Directory "/var/www/html/internal/">
      Require local                       // 允许本机访问
      Require ip 192.168.10.0/24          // 允许内网客户访问
      Require all denied                  // 禁止其他网段客户访问
   </Directory>
</VirtualHost>

<VirtualHost 192.168.10.10 >              // 配置外网虚拟主机
   DocumentRoot "/var/www/html/external/"
   ServerName www.test.com                // 绑定主机名 www.test.com
   <Directory "/var/www/html/external/">
```

```
    Require local                          // 本机允许访问
    Require all granted                    // 允许一切客户访问
  </Directory>
</VirtualHost>


systemctl restart httpd                    // 重启 httpd 服务
```

3. 修改客户端 hosts 文件

Windows 10 的 hosts 文件位置一般是 "C:\Windows\System32\drivers\etc\hosts"，在该文件中添加图 17-5 所示两行主机记录。

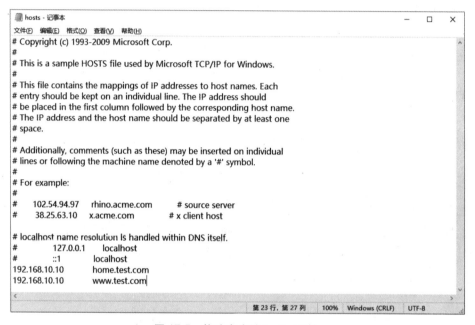

图 17-5　修改客户端 hosts 文件

【注意】修改 hosts 文件只是一种临时测试手段，正式的网络配置中，需要修改 DNS 服务器资源记录。

4. 访问测试

在 Windows 10 上，分别使用网址 "http://home.test.com" 和 "http://www.test.com" 访问两台虚拟主机，显示图 17-6（a）和图 17-6（b）所示页面。

（a）访问内部站点　　　　　　　　　　　　　　　（b）访问外部站点

图 17-6　访问基于主机名的虚拟主机

【说明】跨网段通信可以测试上述内部站点对非"192.168.10.0/24"网段客户端的限制访问情况，在访问被虚拟主机拒绝的情况下，客户端浏览器将会显示 Apache 的默认主页。在虚拟机环境下可以通过修改注册表的方式开启物理主机 Windows 系统的 IP 路由转发功能。然后把两台虚拟机放在不同的虚拟网络中，设置适当的 IP 和默认网关即可进行相互通信。具体实现方式这里不进行深入探讨。测试结果如图 17-7 所示。

(a) 访问内部站点　　　　　　　　　　　　　(b) 访问外部站点

图 17-7　外部网段客户端访问测试

17.5　Nginx 服务器安装和测试

17.5.1　Nginx 服务器简介

Nginx 是一个强大的高性能 Web 服务器和反向代理服务器软件，特别适合应用于高并发的网络环境。

Nginx 的官方网站为 http://www.nginx.org。从官网可以找到最新版 Nginx 的各种安装包和安装源配置方式。目前的最新版为 1.18.0。

视频 ●┈┈┈┈

Nginx 服务器
安装和测试

17.5.2　安装 Nginx

RHEL/CentOS 可以直接使用 Nginx 的官方 YUM 源进行安装，YUM 源的配置方式如下：

① 创建 /etc/yum.repos.d/nginx.repo 文件。

② 编辑 nginx.repo 文件：

```
vim /etc/yum.repos.d/nginx.repo          // 编辑 YUM 源
[nginx-stable]
name=nginx stable repo
baseurl=http://nginx.org/packages/centos/$releasever/$basearch/
gpgcheck=1
enabled=1
gpgkey=https:          //nginx.org/keys/nginx_signing.key
module_hotfixes=true
```
Nginx 的安装命令如下：

```
yum install nginx
```

17.5.3　管理 Nginx 服务

Nginx 的服务名为 nginx，可以使用下面命令启用、重启、停止和查看服务状态。

```
systemctl start|restart|stop|status nginx
```

设置 nginx 服务开启开机自启和禁止开机自启的命令为：

```
systemctl enable|disable nginx
```

【注意】Nginx 作为一个 Web 服务器软件，默认端口号也是 80。启动 Nginx 必须确保 80 端口没有被占用，如果该端口被其他 Web 服务器占用，例如 Apache，Nginx 服务器启动将会失败。所以建议启动 Nginx 前停止 Apache 的 httpd 服务。

17.5.4　测试 Nginx 服务器

Nginx 的主配置文件为 /etc/nginx/nginx.conf，扩展配置文件为 /etc/nginx/conf.d/*.conf。在默认配置下，Nginx 的文档主目录为 /usr/share/nginx/html/。默认索引文档为 index.html 和 index.htm。只需要把自己的网页文档放在这个目录下，客户端就可以浏览了。

下面测试 Nginx 服务器。在 Windows 10 客户端打开浏览器，输入 Nginx 所在服务器的 IP 地址，例如 http://192.168.10.10，显示结果如图 17-8 所示，说明 Nginx 服务器安装正确。

图 17-8　Nginx 服务器测试

本章小结

本章主要介绍了以下内容：

1. Apache 的安装和服务管理。

2. Apache 的基本配置、别名和目录浏览。

3. 3 种虚拟主机的配置方法：基于端口号的虚拟主机、基于 IP 地址的虚拟主机和基于域名的虚拟主机。

4. Nginx 安装和测试。

课后练习

一、选择题

1. Apache 服务器的主配置文件是（　　）。
   A. /etc/httpd/conf.d/*.conf   B. /etc/conf/httpd.conf
   C. /etc/httpd/conf/httpd.conf   D. /etc/httpd/conf

2. CentOS 7 的 Web 服务名是（　　）。
   A. apache   B. httpd   C. nginx   D. IIS

3. Apache 的文档主目录由（　　）参数决定。
   A. DocumentRoot   B. ServerRoot   C. Root   D. Directory

4. Apache 监听的默认端口号是（　　）。
   A. 8080   B. 21   C. 53   D. 80

5. Apache 不支持（　　）。
   A. 基于端口号的虚拟主机   B. 基于主机名的虚拟主机
   C. 基于 MAC 地址的虚拟主机   D. 基于 IP 地址的虚拟主机

6. 假设下列选项中的文件都存在，则（　　）不可能是 Nginx 服务器的配置文件。
   A. /etc/nginx/default.conf   B. /etc/nginx/nginx.conf
   C. /etc/nginx/conf.d/vhost.conf   D. /etc/nginx/conf.d/default.conf

二、思考题

1. Apache 虚拟主机有哪几种实现方式？

2. Nginx 服务器有哪些突出优点？

3. 请介绍 Apache 下列配置指令的含义。
- ServerName
- ServerAdmin
- ServerRoot
- DocumentRoot
- Listen
- User
- Group
- DirectoryIndex

实验指导

【实验目的】

掌握 Linux Web 服务器的常规配置方法。

【实验环境】

一台安装了 CentOS 7 操作系统的虚拟机或物理机，一台安装了 Windows 10 系统的虚拟机或物理主机。

【实验内容】

1. 安装 Apache 服务器软件包。

2. 启动 Apache 服务，并通过另外一台虚拟机或物理主机进行浏览测试。

3. 通过配置文件修改 Linux 的 IP 地址为静态 IP 地址 192.168.100.100/24，重启网络服务使配置生效。

4. 新建两个目录 /var/www/html/webwww 和 /var/www/html/webhome，在这两个目录下各新建一个 index.html 文件。文件内容自拟，但是要有所区分。

5. 修改 Apache 的配置文件，增加对 8000 和 9000 端口的监听，配置基于端口号的虚拟主机，并进行浏览测试。

6. 为 Linux 添加另一个 IP 地址 192.168.100.200/24，重启网络服务使配置生效。

7. 配置 Apache 基于 IP 地址的虚拟主机，并进行测试。

8. 配置 Apache 基于主机名的虚拟主机，2 台虚拟主机分别使用 www.cdpc.edu.cn 和 home.cdpc.edu.cn 浏览。

9. 在另一台 Windows 虚拟机或物理主机上修改 C:\Windows\System32\drivers\etc\hosts 文件，增加两行解析记录：

```
192.168.100.100        www.cdpc.edu.cn
192.168.100.200        home.cdpc.edu.cn
```

打开浏览器，浏览两个虚拟主机。

10. 安装 Nginx 服务器，并配置一个简单网站，能实现网页浏览功能。

参 考 文 献

[1] 戴有炜 . Windows Server 2012 R2 系统配置指南 [M]. 北京：清华大学出版社，2017.

[2] 戴有炜 . Windows Server 2012 R2 网络管理与架站 [M]. 北京：清华大学出版社，2017.

[3] 陈景亮，钟小平，宋大勇 . 网络操作系统：Windows Server 2012 R2 配置与管理 [M]. 北京：人民邮电出版社，2017.

[4] 米纳西，格林，布斯 . 精通 Windows Server 2012 R2（第 5 版）[M]. 张楚雄，孟秋菊，译 . 北京：清华大学出版社，2015.

[5] 孙亚南，星空 . CentOS 7.5 系统管理与运维实战 [M]. 北京：清华大学出版社，2019.

[6] 杨海艳 . CentOS 7 系统配置与管理 [M]. 2 版 . 北京：电子工业出版社，2020.

[7] 申建明 . Linux 运维实战：CentOS 7.6 操作系统从入门到精通 [M]. 北京：电子工业出版社，2017.

[8] 曲广平 . Linux 系统管理初学者指南 [M]. 北京：人民邮电出版社，2019.

[9] 杨云 . RHEL 7.4 & CentOS 7.4 网络操作系统详解 [M]. 2 版 . 北京：清华大学出版社，2019.